绿色智慧建筑技术及应用

林文诗 著

中国建筑工业出版社

图书在版编目（CIP）数据

绿色智慧建筑技术及应用 / 林文诗著. —北京：
中国建筑工业出版社，2023.6（2024.8重印）
ISBN 978-7-112-28624-9

Ⅰ.①绿… Ⅱ.①林… Ⅲ.①生态建筑–智能化建筑
–建筑设计 Ⅳ.①TU18

中国国家版本馆CIP数据核字（2023）第065529号

在发展迅猛的信息通信技术与建筑传统技术的碰撞下，建筑行业正面临着前所未有的发展机遇。本书以国家“智能+”战略为指引，梳理绿色智慧建筑的定义发展、内涵与特性、评价标准，介绍了主要技术的基本内容及应用，包括信息技术及基础设施、智慧能源技术、智慧室内环境监测、智慧节水技术、智慧医疗健康管理、智慧安全与消防、智慧建造及建材、智慧家居产品等。在此基础之上，根据不同的建筑类型，介绍特定类型智慧建筑，如智慧酒店、智慧医院建筑、智慧养老建筑、智慧会展、智慧商场等的应用系统及产品，与智慧建筑从业者分享关于建筑行业升级转型的思考，以期为政府、企业及消费者带来启发。

责任编辑：王雨滢　刘颖超
版式设计：锋尚设计
责任校对：刘梦然
校对整理：张辰双

绿色智慧建筑技术及应用
林文诗　著
*
中国建筑工业出版社出版、发行（北京海淀三里河路9号）
各地新华书店、建筑书店经销
北京锋尚制版有限公司制版
建工社（河北）印刷有限公司印刷
*
开本：787毫米×1092毫米　1/16　印张：12¾　字数：275千字
2023年9月第一版　2024年8月第二次印刷
定价：**50.00**元
ISBN 978-7-112-28624-9
（40823）

前言

在碳达峰、碳中和的国家建设需求下，我国建筑相关产业以其36%的行业增加值占比、高达51.8%的全生命周期碳排放，成为我国绿色低碳经济工作的重点对象之一。《中华人民共和国国民经济和社会发展第十四个五年规划和2035年远景目标纲要》中指出发展目标之一为结合物联网技术，推进建筑的物联网应用和智能化改造。2019年以来，中华人民共和国住房和城乡建设部发布了《"十四五"建筑业发展规划》《关于推动智能建造与建筑工业化协同发展的指导意见》《智能建筑工程质量检测标准》JGJ/T 454—2019等标准和文件，要求建设智慧城市和数字乡村、推进新型城市建设及营造良好数字生态。中华人民共和国住房和城乡建设部、中华人民共和国工业和信息化部等部门发布的《关于加快新型建筑工业化发展的若干意见》《物联网新型基础设施建设三年行动计划（2021—2023年）》，要求加快智能传感器、射频识别、二维码等物联网技术在建材生产采购运输、智慧建筑运维、BIM协同设计等方面的应用。2020年7月，中华人民共和国住房和城乡建设部等十三个部门联合印发《关于推动智能建造与建筑工业化协同发展的指导意见》，明确指出加速建筑工业化升级、提升信息化水平、开放拓展应用场景、创新行业监管与服务模式等重要任务，以实现我国建筑工业化、数字化、智能化水平显著提升。智慧建筑行业作为推动我国绿色发展、新型城镇化、新基建等现代建筑业核心战略的重要把手之一，逐步往需求多元化、应用场景多样化、多产业协同发展的趋势加速。面对强劲的产业需求，我国智慧建筑产业链正在逐步构建完善中，其技术和产品被广泛应用到各建筑类型细分领域。规划设计院、建筑建材企业、房地产企业、智能化设备提供商、信息化平台服务商、物业服务管理企业等相关方都积极参与市场化进程中。

本书通过梳理绿色智慧建筑的定义发展、内涵与特性、评价标准，介绍了主要技术的基本内容及应用，包括信息技术及基础设施、智慧能源技术、智慧室内环境监测、智慧节水技术、智慧医疗健康管理、智慧安全与消防、智慧建造及建材、智慧家居产品等。在此基础之上，根据不同的建筑类型，介绍特定类型智慧建筑，如智慧酒店、智慧医院建筑、智慧养老建筑、智慧会展、智慧商场等的应用系统及产品。本书试图通过智慧建筑节能降碳相关技术要求，一窥智慧技术在不同建筑类型中的应用情况，了解其在实际应用中所引导的智慧技术对建筑的绿色低碳性能的提升，以得到有益启示。

绿色低碳、智慧高效，绿色智慧建筑是信息时代的发展导向，作为智慧街区、智慧城市的基础细胞，综合建筑能源管理技术、建筑信息扫描建模技术、建筑设备设施管理技术等底层技术，在其全生命周期中应用于社会生活的不同场景，服务于不同商业模式和产业目标，成为了具备自我学习、自我成长的有机生命体。绿色智慧建筑以其“绿色+健康+智慧”特性，能够真正满足人们对于绿色、节能、高效、健康、便利的建筑环境的需求，引领建筑行业发展新趋势，实现城市真正智慧化和可持续发展。这振奋人心的发展前景，让我们翘首以待。

庄晖芸、梁舒丹、孙嘉雪、连进遥四位同学分别参与了智慧医院建筑、智慧养老建筑、智慧安全与消防、智慧建造与建材、智慧家居、智慧酒店、智慧会展、智慧商场等章节的编写，在此表示感谢。

目录

第一篇

绿色智慧建筑技术

第 6 章　智慧医疗健康管理

第 7 章　智慧安全与消防

第 8 章　智慧建造及建材

第 9 章　智慧家居

第二篇

特定类型智慧建筑

第 10 章　智慧酒店

第 14 章　智慧商场

第一篇

绿色智慧建筑技术

第1章 智慧建筑发展及研究概况

1.1 发展背景

随着人类文明的进步，建筑技术在过去20年里飞速发展，由窑洞、砖房、钢筋混凝土高层建筑进化到功能更加完善的各类新式建筑，智慧化程度越来越高。生活中人们对建筑的要求不仅是传统建筑的居住功能，还要提供更多的功能，如：亲近自然、健康舒适、保护隐私、信息交互畅通、社交便利以及个性服务定制化。除此之外，随着人们自身环境保护意识的提高，对建筑的全生命周期中节能降耗、保护环境、减少排污的关注度日益提高[1]。未来人们对建筑的需求是绿色建筑、健康建筑以及智慧建筑。

绿色建筑（Green Buildings）旨在节能降耗和减少排污，自20世纪60年代起，建筑行业掀起了一场全球范围内的改变传统建筑高耗能高排放、提高资源利用效率的建筑革命。

健康建筑（Healthy Building）不仅要满足人对、声、光、热、湿环境的要求，还要考虑满足卫生和主观性心理因素，以及建筑使用者的生活舒适度、健身设施、人际关系等其他因素[2]。2016年推出的《健康建筑评价标准》T/ASC 02—2016进一步完善了建筑的内涵。如何借助信息技术提升建筑健康性能的重要性在当今疫情不断的形势下尤为凸显。

智能建筑（Intelligent Buildings）在追求能源利用效率、信息共享交互控制和个性化定制服务的愿景下，于1981年在美国康涅狄格州诞生。智能建筑运用了全面感知、认知、自主学习、自我进化、人机交互等人工智能技术，是建筑和全生命周期管理系统、一体化网络、使用管理者、认知及智能计算的综合体[3]。

绿色智慧建筑（Green-Smart Building）整合了环境资源的可持续发展、人居健康、智能化信息共享技术，通过“绿色+健康+智慧”能够真正满足人们绿色、节能、高效、健康、便利的建筑环境需求，引领建筑行业发展新趋势，实现城市真正智慧化和可持续发展。绿色低碳、智慧高效、绿色智慧建筑是信息时代的发展导向，作为智慧街区、智慧城市的基础细胞，综合建筑能源管理技术、建筑信息扫描建模技术、建筑设备设施管理技术等底层技术，在其生命周期中应用于社会生活的不同场景，服务于不同商业模式和产业目标，成为了具备自我学习、自我成长的有机生命体。

1.2 定义发展

智慧建筑由原本存在于研讨未来建筑的框架概念，逐步发展成为影响现实建筑设计开发、智慧城市以及绿色发展的重要组成和理念[4]。Clements-Croome（1997[5]，2004[6]）、Buckman，May Eld和 Beck（2014[7]）等众多学者都试图对智慧建筑的概念和内涵给出清晰定义，但是随着信息通信技术（ICT）、自动化、嵌入式传感器以及其他高科技的发展和成熟[8]，人们对建筑的认识和需求日益增加，智慧建筑的定义和内涵也随之不断增加，给予智慧建筑一个固定明确的定义越来越具有难度。

1.2.1 智能建筑

智慧建筑早期被称为智能建筑（Intelligent Building），其研究最早可追溯至20世纪80年代。Cardin（1983）最早将智能建筑定义为“实现全自动服务控制功能的建筑”[9]。Leifer等（1988）[10]也对早期的智能建筑开展研究，对于其定义相对更加具体，即“建筑配备综合网络信息通信系统，并由该系统自动控制两个以上的建筑服务系统，该过程中搜集分析运维数据，为后续的运行维护提供预测预警”。这个时期对于智慧建筑的定义大多集中于信息通信技术（Information Communications Technology，ICT）、数据处理、自动化建筑设备管理系统的集成。

1.2.2 智慧建筑

进入20世纪90年代后，随着环境意识的提高，绿色建筑的快速发展，智慧建筑也开始重视建筑使用者、建筑设备管理系统和自然环境之间的交互联系。Bedos等[11]（1990），So Chan（1999）[12] 对智能建筑的研究中其定义已经从原本对于建筑的运行性能逐渐拓展到对于住户舒适性、操控灵活性、生命周期成本降低、生态环保性能以及运行成本效率等方面。Capacity and Institution Building（CIB）Working Group（1995）对智慧建筑的定义为“智慧建筑是动态、交互式的建筑，可以为住户提供富有生产力的、高效率、环保性能高的居住条件，其基本要素包括空间（材料、结构、设施）、过程（自动化、控制、系统）、人（服务、用户）、管理以及这些要素之间的交互”。欧洲智能建筑公司European Intelligent Buildings Group（EIBG）在1998年将智慧建筑定义为“能够最大程度提高建筑用户的效率，同时又通过有效的资源管理降低硬件设施的生命周期成本的建筑”[13]。1998年智能建筑协会基金会Intelligent Building Institute（IBI）Foundation将智慧建筑定义为“建筑通过优化四要素（包括结构、系统、服务和管理），及要素间的相互联系”[14]。Brad等（2014）[15]、Wigginton和Harris（2002）[16]、Wong，Li和Wang（2008）[17]等研究认为智能建筑的早期定义主要集中在技术上，后来逐渐转向用户互动和社会变革的角色，这表明人们对生活质量指数的关注度提高，对于建筑物的需求开始不仅仅局限于原本的居住功能。

1.2.3　绿色智慧建筑

随着人工智能（AI）深度学习技术、嵌入式传感器、建筑信息模型（BIM）以及应用系统等各项技术创新的进步，对于未来智慧建筑的构想和建筑用户的期望不断变化。目前智慧建筑的发展重点已经转移到了建筑系统的自我学习能力、建筑使用者与周边环境之间的关系上[18]。由佛罗里达大学开发的Matilda Smart House，由佐治亚理工学院开发的MIT Smart House和The Aware Home等智慧建筑建设中实现快速响应住户需求的智慧居住环境，建筑物的自我学习能力越来越受到重视[19]。智慧建筑的信息交互功能是目前最受重视的特性之一。AlWaer，Clements-Croome（2010）认为智能建筑应当拥有高度交互关联的复杂系统，涉及人（建筑拥有者、使用者、物业管理人员等）、产品（材料、结构、设施、设备、自动化和控制系统、服务等）、流程（运营维护、绩效评估、设施管理等）以及这些问题之间的相互关系[20]。Gnerre、Cmar和Fuller（2007）认为“智慧建筑必须能说话”。建筑设备管理系统与建筑拥有者之间的沟通交流，共享信息才是实现其商业价值的基本条件。美国联邦总务署（GSA）公共建筑服务管理司（PBS）提出智慧建筑项目通常涵盖三个关键要素：通信网络和办公自动化、建筑管理系统、综合服务基础设施[21]。

绿色智慧建筑能够及时响应建筑使用者和社会的需求，发挥功能和可持续性，这离不开嵌入式传感器的作用[22]。Arup（2003）[23]公司认为“智慧建筑的建筑结构、建筑空间、建筑服务系统和信息系统能够有效地响应建筑所有者、建筑使用者和环境的不断变化的需求”。Kerr（2013）[24]提到智慧建筑的嵌入式传感器设计需“不引起建筑使用者在智力、生理、情感、行为和精神上的刺激”。

绿色智慧建筑设备管理系统（BMS）越来越得到重视。智能控制策略（包括智能电网，智能计量，需求响应控制以及负荷转移/共享）被认为是智慧建筑的的重要组成部分（Worall，2013）[25]。2015年由住房和城乡建设部发布的《智能建筑设计标准》GB/T 50314—2015将智能建筑表述为“以建筑为平台，基于对各类智能化信息的综合应用，集架构、系统、应用、管理及优化组合为一体，具有感知、传输、记忆、推理、判断和决策的综合智慧能力，形成以人、建筑、环境互为协调的整合体，为人们提供安全、高效、便利及可持续发展功能环境的建筑”[2]。2020年由中国房地产业协会发布的《智慧建筑评价标准》T/CREA 002—2020对智慧建筑的表述为：利用物联网、云计算、大数据、人工智能等技术，通过自动感知、泛在连接、及时传送和信息整合，具有自学习、自诊断、辅助决策和执行能力，实现绿色生态、高效便捷、经济节约的建成环境。考虑到智慧建筑的复杂性和跨学科本质，住户、顾问、建筑师、工程师、承包商、设施经理等相关利益相关人员团队都应参与到智慧建筑的设计和建造中去。

随着环境意识的提高和绿色建筑的发展，智慧建筑原本过多强调使用集成自动化系统，消耗了更多的能源与成本，致使人们重新开始思考智慧建筑的定位[26]，关注节能措施和新能源使用，关注人与建筑、环境之间的关联[27，28]。Jiri Skopek等提出智慧建筑的特性为效率、成本、环境、健康和安全等优势[29]。2017年德国建筑性能研究所（Buildings Performance Institute Europe，BPIE）在智慧建筑中加入了绿色建筑的部分内涵，认为必须具有高效节能、能够以项目本地或者区域系统驱动的可再生能源灵活满足建筑不同的能耗需求；由能源储存及需求侧灵活供应能够有效保持碳排放的稳定减少等功能[30]。将绿色建筑的节能环保原则与智慧主动功能的设计相结合，被认为是提高智慧建筑可持续性能的必要条件。苹果公司位于旧金山湾库比蒂诺的新办事处的设计不光满足智能设计要求，而且实现了70%的自然通风并大大提高了资源效率[31]。Ghaffarian Hoseini等（2012）提出“智慧建筑的本质是智慧环境，与可持续性设计原则高度相关[32]”，比如智能外墙对于外部环境的响应[33]。南加州大学 El Sheikh（2011）将智能型皮肤应用于带有活动百叶窗的建筑围护结构中，用于动态采光照明[34]。2013年Colt International、SSC Ltd和Arup等公司合作，在德国建设了世界上第一个全尺寸生物反应立面，能够遮阳并可作为可再生燃料来源[35]；2015年麻省理工学院 Senseable City Lab设计的可定制的智能建筑围护结构可用于动态采光照明[36]。Thompson，Cooper和 Gething 等（2014）认为“智慧建筑对气候变化的适应性越来越受到重视[37]”。由麻省理工学院 Senseable City Lab开发的气候控制技术，可用于动态控制建筑物中的局部供暖，仿生在建筑设计计划中的应用，以减少气候变化影响[38，39]。

目前已有许多的优秀建筑项目呈现了智能建筑与绿色建筑环保特征的融合。位于新喀里多尼亚岛首都的Jean-Marie Tjibao文化中心，采用本地材料和自然通风的被动设计技术，结合了大量传统和现代的环境友好设计和可持续策略技术措施[40，41]。在建筑屋顶安装用于发电的集成风力涡轮机也是智慧建筑常见的节能措施之一，比如屡获殊荣的位于马来西亚布城（Putrajaya）的ST Diamond 大厦，位于马来西亚的Sarawak Energy Berhad 大厦，位于美国波特兰的The Twelve West大厦。除此之外，还有可比同类型普通建筑节能约70%的加拿大的曼尼托巴水电大楼，利用特殊的mega结构实现高节能效率的新加坡Capital Tower等经典案例。在这些具有代表性的智慧建筑中，阿姆斯特丹的Edge大楼是最可持续的办公大楼，阿布扎比的Al Bahr Towers和曼彻斯特的One Angel Square是最可持续和创新的建筑之一。

技术创新是绿色智慧建筑的生命力来源，其创新的关键性问题包括可持续性（能源、水资源、土地资源、建筑材料及废弃物和污染等方面），信息通信技术的使用，AI技术，嵌入式传感器技术、智能材料技术（比如纳米技术），人体健康及社会变革。比如外墙，目前兴起的自愈材料正在逐步革新外墙的设计。Pelletier和Bose（2010）描述了嵌有硅酸钠治疗剂胶囊的混凝土基质如何通过破裂的胶囊中的硅酸钠与混凝土中的氢氧化钙相互作用，形成裂缝的硅酸钠来修复裂缝。外墙中的智能材料比如纳米粒子涂覆和嵌入材料，除了调节热传递外，还能提供反馈和高水平的控制。创新都是为可持续发展的目标服务。

综上所述，随着建筑的发展，智慧建筑经历了智能建筑、智慧建筑、绿色智慧建筑三个阶段，其定义也不断发生变化。有按照描述其所能提供的性能式定义，比如BPIE等机构对智慧建筑的定义更加侧重于其能源方面的表现。Ghaffarian Hoseini等研究强调了智慧建筑技术对环境的影响、建筑的可持续性设计的重要性。有按照描述系统组成或所能提供过的服务式定义，比如Kerr等研究强调智慧建筑隐藏式传感器的设置。还有按照综合描述式定义，比如EIBG、TorontoIB论坛等早期对于智慧建筑的定义大多描述的是智慧建筑所能实现的安全、效率等方面的性能，是相对笼统宽泛的构想和定义。IBI、CIB和Leifer等机构和学者对智慧建筑的定义集中在对智慧建筑的系统组成的基本要素及其之间的联系描述。AlWaer、Clements-Croome等对智慧建筑的定义包含了对其性能、基本要素组成等综合性描述。

1.3 内涵与特性

新技术的涌现给智慧建筑发展创造了更多的可能性，其内涵由原本的强调自动化等技术集成，开始向提高建筑使用效率（特别是能源效率）、重视建筑使用者的需求体验、强化人与建筑物和环境之间交互的方向发展。智慧建筑的特性主要包括以下几方面。

1.3.1　绿色环保

（1）建筑能效（智能电网、基于建筑信息模型BIM和能效模拟模型BEM的能耗监测和节能潜力监管、可再生能源利用、利于电动车辆应用的基础设施、低能耗的建筑结构设计等）；

（2）气候变化及管理（建筑碳排放智慧监控系统监测分析和动态调节建筑使用过程中的碳排放）；

（3）高空间利用率和灵活设计（室内格局和建筑外观的灵活设计，有效提高室内空间的利用率和空间的环境转换）；

（4）智慧建筑材料（自愈材料、智能外墙等）；

（5）环境质量监测系统（室内空气质量在线监测系统、水质在线监测系统、声环境在线监测系统，连接信息中心实时监测数据分析调控预警等）；

（6）绿色智慧施工（基于BIM的智慧工地管理系统、旧材料回收再利用、新型材料使用等）等。

1.3.2　安全宜居

（1）更好的室内环境（由隐藏式传感器网络和中央或分布式智慧控制系统监控调节室内的温湿度、照明环境、室内空气质量等，尽可能提高用户居住体验和工作效率、保护人体健康；用户终端调控）；

（2）环境质量在线监测系统（包括室内空气质量在线监测系统、水质在线监测系统、声环境监测系统等）；

（3）完善的安保消防措施（高等级的身份识别系统、红外自动测温系统、智能梯控、访客管理、智能停车、智能安防及防火防灾等）；

（4）更高效的智慧办公系统（智能考勤、会议管理、设备管理系统、数据库分析管理、远程办公系统、具备调节功能的办公家具设施等智慧办公信息中心和辅助设计，提高工作效率和产出）；

（5）个性化的特殊服务和本地文化风俗（考虑用户因年龄、社会文化或身体状况如儿童、怀孕、受伤、残障、慢性疾病等的不同需求，为用户提供更方便的出入方式、对室内环境的不同要求、心理及生理健康设施和突发疾病应急处理等更具有包容性的生活工作环境和人文关怀）等。

1.3.3　成本效益

（1）相对低的生命周期成本（运营维护和使用成本较传统建筑更低）；

（2）相对高的建造成本（建造采用了更多智慧材料、智慧控制管理系统，增加初期成本）；

（3）高投资回报率（有效帮助用户改善工作效率和生活质量，带来更高的产出和回报）等。

1.3.4　数据和技术创新

（1）网络架构（云计算中心、公有云、私有云等）；

（2）数字孪生（采用全息数字模型构建数字孪生体进行仿真模拟，实现数字化运营）；

（3）数据资源融合共享（如大数据分析和挖掘）；

（4）建筑框架结构允许新技术的接入（如5G预留）；数据安全（强调用户隐私数据保护）等。

1.4　智慧建筑评价标准

1.4.1　智慧建筑标准发展背景

20世纪70年代的全球能源危机使人们重新审视了能源的使用方式，并引起了人们对建筑绿色低碳性能的认识。国内外学者对此展开研究，建立建筑绿色低碳性能评价方法。1997年英国率先制定绿色建筑标准（Building Research Establishment Environmental Assessment Method，BREEAM），掀开了世界绿色建筑发展篇章。随后美国、德国、日本、新加坡、澳大利亚等国家相继制定了绿色建筑评价体系（美国能源与环境设计先锋评价体系Leadership in Energy and Environmental Design，LEED；德国可持续建筑评价体系Deutsche Gesell schaft fur Nachhaltiges Bauen，DGNB；日本建筑环境效能综合评价体系Comprehensive Assessment System for Building Environmental Efficiency，CASBEE；新加坡的绿色建筑标志Green Mark；澳大利亚的绿色智慧屋标志Green-Smart House Program）。这些评价指标体系经过10多年的发展修订，涵盖了节能环保、低碳或零碳技术等要求，增加了智慧控制的内容，比如由BREEAM发展出的Code for Sustainable Homes和Zero Carbon Standard均对零碳建筑做出要求；美国LEED、英国BREEAM等绿色建筑评价体系均增加了建筑智能控制系统、智慧创新设计等内容。《绿色建筑评价标准》GB/T 50378—2019增加了智慧技术融合内容。

与此同时，新能源和智慧电网、人工智能技术、BIM技术、物联网与传感技术、大数据技术等信息技术的发展也催生了智能建筑。欧盟智慧建筑指数（Smart Readiness Indicator，SRI）、德国建筑性能研究所（Smart Built Environment Indicator，SBEI）、美国智能建筑体系等都强调服务与便捷性、能源效率及需求响应，其他绿色低碳技术内容涉及较少。

1.4.2 智慧建筑技术标准及评价指标体系

1.4.2.1 国外智慧建筑标准

在北美，智慧建筑的概念可以追溯到20世纪80年代。北美国家，特别是美国，强调性能和成本效益的重要性，以及建筑物与先进和创新的信息技术的紧密结合。目前，智慧建筑作为智慧城市概念的一部分，受到越来越多的欧美国家政策关注。欧盟强调创新在ICT领域的作用，并提供工具包帮助欧盟国家来制定差异化的评价指标和框架（Caragliu，Del Bo和Nijkamp，2011年）。2020年2月欧盟委员会能源部（EU Energy DG）完成了建筑智慧化指标（Smart Readiness Indicator，SRI）第二阶段的技术研究工作，德国建筑性能研究所（BPIE）完成智慧建筑环境指标（SBEI）的前期研究工作。北美洲际自动建筑协会（Continental Automated Buildings Association，CABA）联合智能建筑委员会（Intelligent Building Council，IBC）创建基于网络的建筑智能评价软件（Building Intelligence Quotient Programme，BIQ），通过分析智慧建筑所应用的所有信息技术来评价建筑智能化的等级。美国联邦总务署（General Service Agency，GSA）编制了公共建筑服务设施标准PBS-P100（简 称 P100），配 套*GSA Smart Buildings Program Guide*、*GSA Smart Building Implementation Guide*两份指南。

1. 美国建筑智能评价软件（Building Intelligence Quotient Programme，BIQ）

BIQ是自动化协会（Continental Automated Buildings Association）发布的一种易于使用的在线智能建筑评估和排名工具。其评估和认证的目的是展示建筑智能性能值，并帮助建筑业主、运营商、经理和设计师增加智能建筑技术的使用。BIQ具有三个功能：测试建筑智能性能值、新建建筑智能集成设计指南、楼宇自动化改造的工具[42]。BIQ目前面向所有用户提供了在线的评价计算器，通过设置一系列问题，提交回复而自动在线计算获得评价结果。

2. 欧盟建筑智慧化指标（Smart Readiness Indicator，SRI）

SRI是欧盟能效法令（Energy Performance Building Directive，EPBD）修订中对于欧盟能源效率证书（Energy Performance Certificate，EPC）增加的建筑智慧性能补充标准[43]，是由欧盟委员会能源总局（European Commission Directorate-General for Energy，EU DG ENER）对于建筑除了常规属性外增加的智慧化程度衡量指数。SRI侧重于智慧技术在节能和能源的灵活性、健康与舒适、建筑运营信息披露等方面的应用内容。目前SRI的应用为各欧盟成员自愿采用而不是强制实施。

3. 欧洲建筑性能研究所智慧建筑环境评价指标（Smart Build Evironment Indicator，SBEI）

欧洲建筑性能研究所以区域的智慧化程度为评价对象，建立了智慧建筑环境评价指标体系SBEI，一级指标包括能效与健康、可再生能源、动态运维、能源系统响应4项（等权重）；二级指标包括15项：建筑围护结构性能、整体能效、保温性能、室内空气质量、可再生能源消耗量、热泵使用、分区供暖、智能计量、动态定价、可再生能源消耗、电力市场调节机制、网络、智能技术市场评价、建筑能源存储、电动汽车市场份额。二级指标以经验值对指标进行标准化，以固定权重计算[12]。每项指标分为5个等级，5分为最高的智慧化程度，1分为最低的智慧化程度。欧洲建筑性能研究所采用SBEI对28个欧盟国家开展了智慧建筑环境评价，结果显示大部分区域处于3级以下，即处于智慧建筑技术的跟随阶段而不是足够智慧化阶段。

1.4.2.2　我国智慧建筑标准

在我国碳达峰、碳中和的重大需求下，建筑行业以其高达51.8%的全生命周期碳排放[1]，成为我国发展绿色低碳经济体系的工作重点之一。以智慧技术提升建筑的绿色低碳性能成为了研究的热点。2020年9月由中国房地产业协会编制的《智慧建筑评价标准》T/CREA 002—2020发布，其是我国首个智慧建筑评价标准。中国建筑节能协会也发布了《智慧建筑评价标准》T/CABEE 002—2021。这标志着我国智慧建筑即将进入快速发展时期。由住房和城乡建设部发布的国家标准《智能建筑设计标准》GB 50314—2015，该标准针对信息化应用系统、智能化集成系统、信息设施系统、建筑设备管理系统、公共安全系统、机房工程进行了规定。中国台湾和香港地区相关机构都创建了智慧建筑评价标准或指标体系，比如中国台湾地区内部事务主管机关建筑研究所的《智慧建筑标章评估标准》。

1. 中国房地产业协会标准《智慧建筑评价标准》T/CREA 002—2020

《智慧建筑评价标准》T/CREA 002—2020是由中国房地产业协和国家建筑信息模型（BIM）产业技术创新战略联盟联合发布的智慧建筑评价标准，旨在推动智慧建筑发展，规范智慧建筑评价体系。该标准包括信息基础设施、数据资源、安全与防灾、资源节约与利用、健康与舒适、服务与便利、智能建造 7 类评价指标，创新应用作为评价加分项[44]。该标准着眼于国内目前智慧建筑技术和产品的实际发展情况，推荐了诸如智慧建筑综合管理平台、自调节遮阳、消防物联网、冷热源智能监控系统、智能配电运维系统、智慧照明系统、智能充电桩、智慧楼宇自控系统、智能节水系统、建筑绿色性能动态评估系统、室内空气品质监控系统、室内光环境监控系统、室内舒适度监控系统、室内噪声监控系统、水质在线监控系统、健康检测设备、智慧健身设施、智慧访客系统、智慧垃圾分类系统、智能电梯控制系统、BIM智慧建造管理系统、建筑健康性能动态评估系统等很多相关的技术措施。在评价的过程中，《智慧建筑评价标准》T/CREA 002—2020的评价条文更加有利于公共建筑得到高星级。

2.《智慧建筑评价标准》T/CABEE 002—2021

《智慧建筑评价标准》T/CABEE 002—2021是由中国建筑节能协会于2021年发布的智慧建筑评价团体标准。该标准主要分为架构与平台、绿色与节能、安全与安防、高效与便捷、健康与舒适、创新与特色共6方面，推荐了诸如智慧建筑大脑、节能电梯、建筑设备管理系统、太阳能热水系统、非传统能源使用（地源热泵、水深热泵、空气源热泵等）、智能监控系统等相关技术措施。在评价过程中，《智慧建筑评价标准》T/CABEE 002—2021的控制项要求较高，比如第4.1.2条、第5.1.1条等对于智慧建筑综合管理平台的要求。

3.《智能建筑设计标准》GB 50314—2015

2006年12月，我国建设部正式发布了智能建筑国家标准《智能建筑设计标准》GB/T 50314—2006，并于2015年对该标准进行了修订。该标准对智能建筑做出了明确定义：智能建筑是以建筑为平台，兼备建筑设备、办公自动化及通信网络系统，集结构、系统、服务、管理及它们之间的最优化组合，向人们提供一个安全、高效、舒适、便利的建筑环境。

4. 中国台湾《智慧建筑标章评估标准》

2016 年，中国台湾建筑研究所发布了《智慧建筑标章评估标准》，主要内容包括评估流程、评估方法、标识规定以及智慧建筑评价的8项指标：综合布线、资讯通信、系统整合、设施管理、安全防灾、节能管理、健康舒适和智慧创新。智慧建筑分为5个等级：合格级、铜级、银级、黄金级和钻石级。

很多国家和地区均制定了相应的智慧建筑评价或设计标准，但对于智慧建筑的定义各不相同，评价或者设计要求条文所涉及的要素也不尽相同。国内外智慧建筑具体标准及评价指标体系主要特点详见表1-1。

国际智慧建筑相关标准及评价指标体系情况　　表1-1

标准	国家/机构	主要内容	备注
欧盟建筑智慧化指标（SRI）	欧盟委员会能源总局EU DG ENER	（1）按照不同建筑类型对应三个方法学，分别是固定权重法，平均权重法，能源数据权重法。（2）采用综合矩阵法来计算，矩阵纵列为9个区域：采暖、空调、热水、机械通风、照明、动态控制围护结构、用电、电动汽车充电、监测与控制；横行为7个影响维度：节能、运营维护、舒适度、便利性、健康与福利、住户信息获取、剩余电力入网及存储等。（3）方法学针对不同的气候区、建筑类型，不同的技术及数据类型，给出不同的标准化方法及权重确定方法。（4）对智慧技术所能实现的功能效果进行分等级评分。（5）对标准进行敏感性分析[45]	SRI方法学研究工作的目的是修订欧盟建筑能效指令（Energy Performance of Buildings Directive，EPBD）。欧盟以SRI方法学来指导各个成员国开展本国智慧建筑的评价工作
智慧建筑环境评价指标（SBEI）	欧洲建筑性能研究所BPIE德国	建立了等权重的评价指标体系，一级指标体为能效与健康、可再生能源、动态运维、能源系统响应4项（等权重）；二级指标15项评价指标包括：建筑围护结构性能、整体能效、动态热舒适性调节能力、健康的居家工作环境、可再生能源消耗量、热泵的使用、分区供暖、智能计量、动态定价、可再生能源消耗、电力市场调节机制、网络连通率、智能技术市场评价、建筑能源存储、电动汽车市场份额。二级指标以经验值对指标进行标准化，以固定权重计算[46]	受建筑节能法律《能源节约条例》（EnEV2002）影响，该指标体系一级指标中强调能效、可再生能源、能源系统响应
北美建筑智能指数评价软件(BIQ)	北美洲际自动建筑协会	基于网络的建筑智能评价软件，通过分析智慧建筑所应用的所有信息技术来评价建筑智能化的等级	
欧洲建筑性能研究所智慧建筑环境评价指标SBPG/SBIG	美国GSA smart building office	（1）开放的通信协议——非专有的建筑控制，为GSA提供更大的建筑管理灵活性并降低服务成本； （2）融合控制系统网络（IT骨干网）——消除不必要的冗余控制基础设施，如管道、电缆、交换机和不间断电源，从而实现互操作性和安全合规性； （3）系统通信的标准化数据——不同系统制造商不同系统的交互，从而实现数据的收集和分析，以及提供更大的灵活性和管理控制效果[47]	
美国采暖、制冷与空调工程师学会—智能建筑系统标准ASHARE 7.5，Smart Building System	美国ASHARE	ASHARE 对建筑性能的规定分散在ASHARE 7系列的标准中，其中ASHARE 7.5是针对智慧建筑系统的标准[48]	
ISO 相关标准	ISO	没有已经发布的专门智慧建筑评价指标体系，关于建筑的信息技术设备互联，家庭控制系统，室内环境设计等内容都分散在《建筑热性能及能源利用》ISO/TC 163，《建筑环境设计》ISO/TC 205，《建筑与土木工程可持续性》ISO/TC 59/SC 17，《智慧社区基础设施》ISO/TC 268/SC 1，《（ISO和IEC联合技术分委会）信息技术设备互连》ISO / IEC JTC 1 / SC 25，《电能供应系统》IEC TC 8，《环境管理体系》ISO/TC 207/SC 1等标准中[49]	

续表

标准	国家/机构	主要内容	备注
《智能建筑设计标准》GB 50314—2015	住房和城乡建设部	对14种不同的建筑类型，信息化应用系统、智能化集成系统、信息设施系统、建筑设备管理系统、公共安全系统、机房工程进行了规定	缺少绿色理念；未对不同技术系统的性能进行分级评价；指标体系没有权重；未说明不同气候区的分类
智慧建筑标章评估标准	中国台湾地区内部事务主管机关建筑研究所	智慧建筑评价体系分为8项一级指标：综合布线、资讯通信、系统整合、设施管理、安全防灾、节能管理、健康舒适及智慧创新。一级指标又分为29项基本规定（不计分，要求必须满足）和109项鼓励项目（计分）。鼓励项目所有项目没有考虑权重，得分直接加和。指标分为定性和定量指标，定量指标对智慧技术产品覆盖情况给予不同分值，但未对智慧技术产品所能实现的功能给予分级评价。定性指标更没有分级评价[50]	指标体系没有考虑权重；未对智慧技术的功能进行分级评价
香港智能建筑指数（IBI）	中国香港亚洲智慧建筑学会	香港亚洲智慧建筑学会（AIIB）作为IB的独立认证机构，制定了智能建筑指数（IBI）。IBI由378个要素组成。评估的主要类别包括舒适性、健康和卫生、空间、高科技形象、安全和结构、工作效率、绿色、成本效益、实践和安全性以及文化规范。根据建筑物的类型，优先考虑不同的模块评估标准[51]	

1.4.2.3　各主要标准对比分析

1. 绿色低碳相关评价条文及指标

《智慧建筑评价标准》T/CREA 002—2020、《智慧建筑评价标准》T/CABEE 002—2021两个国内标准涵盖较为全面。其中《智慧建筑评价标准》T/CREA 002—2020在绿色建筑评价工作基础之上，涵盖了信息基础设施、数据资源、安全与防灾、资源节约与利用、健康与舒适、服务与便利、智能建造7个方面。中国建筑节能协会编制的《智慧建筑评价标准》T/CABEE 002—2021涵盖了构架与平台、绿色与节能、安全与安防、高效与便捷、健康与舒适、创新与特色等方面。《智慧建筑评价标准》T/CREA 002—2020中与建筑绿色低碳性能直接相关的条文分布在资源节约与利用（绿色与节能）、健康与舒适、智能建造等章节部分，占比为38.6%；在《智慧建筑评价标准》T/CABEE 002—2021中占比为33.9%。

欧盟能源效率证书补充标准SRI是欧盟能效法令（Energy Performance Building Directive，EPBD）对于能源效率证书（Energy Performance Certificate，EPC）的建筑智慧性能补充，侧重于节能和能源的灵活性、健康与舒适、建筑运营信息披露等方面内容，指标涵盖不如国内两个标准全面。与建筑绿色低碳性能直接相关的条文主要分布在节能与能源的灵活性、健康与舒适等章节中，占比为66.6%。

三个标准指标涵盖条文分值比例对比详见图1–1。由图1–1可见，中国标准侧重于信息平台与数据框架、节能，安全与防灾等方面，欧盟标准则侧重于节能与能源利用灵活性等方面，但三个标准中智慧建造、建筑的环境碳排放及环境影响、智慧建造等条文比例占比较低甚至为零，智慧与绿色结合的程度还有待提高。

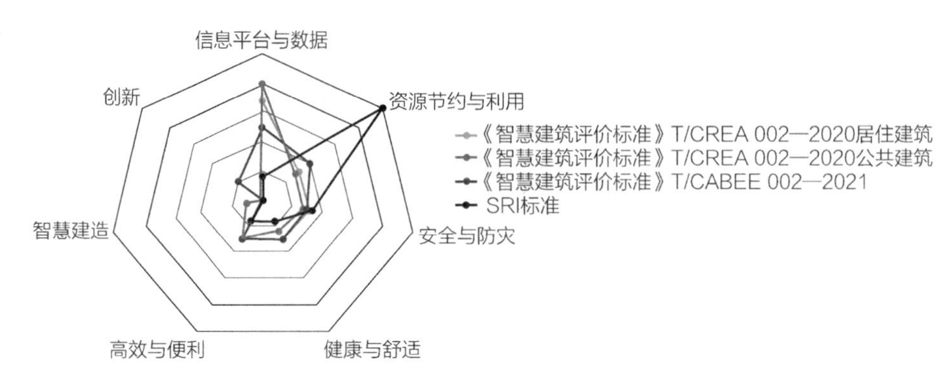

图1–1　主要智慧标准的条文类别分值比例对比

2. 各标准采用的计算方法学

《智慧建筑评价标准》T/CREA 002—2020、《智慧建筑评价标准》T/CABEE 002—2021均有强制性的基础项、视情况参评的评分项。SRI标准没有强制项，全部为评分项。《智慧建筑评价标准》T/CABEE 002—2021和SRI标准仅适用于运营阶段的建筑。三个标准均采用不涉及技术则不纳入评价的方法。

三个标准均采用了加权平均方法。《智慧建筑评价标准》T/CREA 002—2020中加权计算方法的评分项的权重$\alpha_1 \sim \alpha_7$根据建筑功能与智慧性能不同有所区别：

$$\sum Q=\alpha_1 Q_1+\alpha_2 Q_2+\alpha_3 Q_3+\alpha_4 Q_4+\alpha_5 Q_5+\alpha_6 Q_6+\alpha_7 Q_7+Q_8$$

《智慧建筑评价标准》T/CABEE 002—2021计算方法如下：$A=A_1+A_2+A_3+A_4+A_5+A_a$。

《智慧建筑评价标准》T/CREA 002—2020、《智慧建筑评价标准》T/CABEE 002—2021均为给定统一权重。《智慧建筑评价标准》T/CABEE 002—2021直接给定权重，未区别气候分区、建筑具体用途类型设定权重，详见表1–2。《智慧建筑评价标准》T/CABEE 002—2021同样侧重于架构与平台，权重为25%；绿色低碳相关指标仅为20%。《智慧建筑评价标准》T/CREA 002—2020依据建筑类型（住宅和非住宅）、评价阶段区分权重，指标权重略有不同（表1–3），其中信息基础设施和数据资源权重最大，约为40%，绿色低碳相关指标为30%。

SRI标准的权重为混合权重，根据指标类别分为三大类：固定权重、平均权重、能源平衡权重（Energy Balance），详见图1–2。其中，能源平衡权重的确定依据为欧洲地区的气候分区和实际用能支出。通过使用能量平衡权重，气候寒冷区域，比如北欧，供暖相关

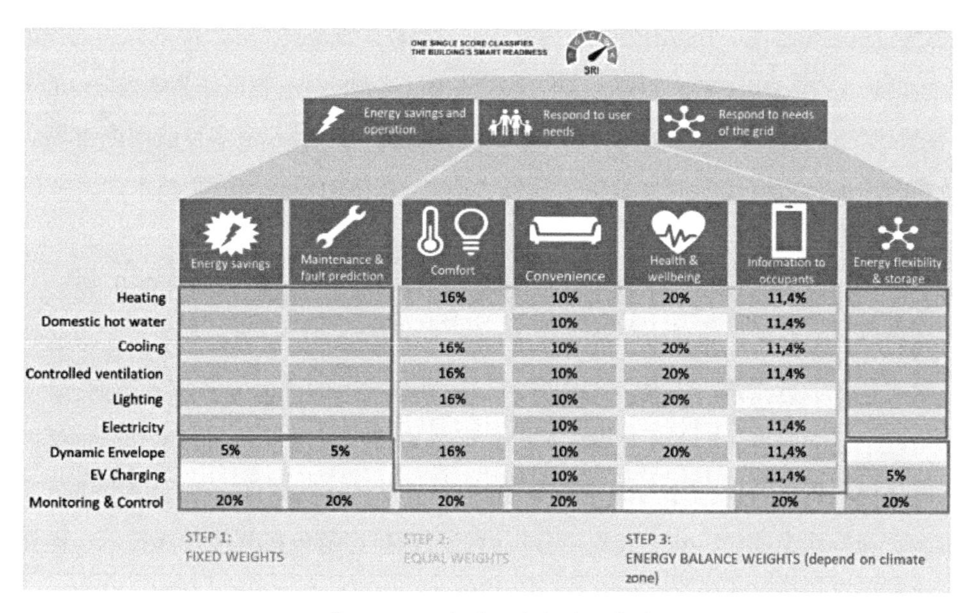

图1-2 SRI标准混合权重示意图

指标权重更大；而气候温暖地区，比如南欧，更侧重制冷指标。而那些与能源支出间接关联的领域（例如监测和控制、动态建筑围护结构），则根据预测影响设定固定的指标权重。这种方法反映了气候分区对权重的影响差异。SRI标准中与绿色低碳直接相关的节能与可替代能源、健康与舒适等指标权重为58%。

《智慧建筑评价标准》T/CABEE 002—2021指标权重体系　表1-2

指标名称	控制项基础分值	评价指标分项分值					创新与特色
		架构与平台	绿色与节能	安全与安防	高效与便捷	健康与舒适	
分数	满足	100	100	100	100	100	100
占比	—	25	20	15	15	15	10

《智慧建筑评价标准》T/CREA 002—2020标准指标权重体系　表1-3

评价阶段	建筑类别	信息基础设施	数据资源	安全与防灾	资源与利用	健康与舒适	服务与便利	智能建造
设计评价	居住建筑	0.24	0.14	0.14	0.14	0.14	0.15	0.05
	公共建筑	0.26	0.17	0.15	0.14	0.1	0.13	0.05
运行评价	居住建筑	0.22	0.12	0.16	0.15	0.15	0.15	0.05
	公共建筑	0.25	0.15	0.14	0.14	0.13	0.15	0.05

3. 提升绿色低碳性能的推荐技术

三项标准均是建筑性能总体表现或采用技术措施均可得分的形式。三个技术标准对于建筑涉及智慧技术要求并不一样，其主要涉及的技术分布如表1-4所示。

《智慧建筑评价标准》T/CABEE 002—2021对于智慧建筑新技术新产品的陈述或规定较另外两个标准少，主要是以对技术措施的实际运维效果所达到的提升程度作为等级评价的要求。

《智慧建筑评价标准》T/CREA 002—2020在条文说明中引入很多目前国内市场应用较多的技术和产品，也有较新的技术指引发展方向，相对SRI标准的鼓励技术而言智慧化程度仍有一定差别。

SRI标准基于负荷、外界环境条件、时间、占用情况、氛围等条件的供暖、人工照明、机械通风、温湿度控制技术、分布式能源生产存储技术，强调对于能源需求的管理，对于技术能达到的效果进行非常详细的分级。就推荐技术的评分细节深入度而言，SRI标准比国内两个标准要更加深入，推荐的国外技术也比国内标准推荐的技术智能程度更高。

以冷热源电机的智能排序为例，SRI标准推荐了基于运行时间、基于用电负荷、基于发电机能效和特性为优先、基于大数据分析后的预测排序等电机智能排序技术，但在我国两个标准里未见相关技术。

再比如对于可再生能源的利用方面，《智慧建筑评价标准》T/CABEE 002—2021只要求可再生能源的净贡献值、《智慧建筑评价标准》T/CREA 002—2020推荐智能微电网。SRI标准还要求可再生能源存储并网上网、可再生能源实时监测评价、可再生能源负荷预测故障预测及智慧调节等相关技术。这些技术要求的不同也从侧面反映不同国家或地区智慧建筑技术产品的开发应用情况。

中欧智慧建筑评价标准推荐技术列表　　表1-4

技术类别	《智慧建筑评价标准》T/CREA 002—2020	SRI标准	《智慧建筑评价标准》T/CABEE 002—2021
信息技术平台及基础架构	光纤、无线网络、5G、物联网、大数据分析、数字孪生技术（全寿命周期管理）、智慧建筑大脑	—	以物联网技术为基础、公有云、本地服务器等部署。无线网络、信息平台集成系统、智慧物业管理系统
数据管理	数据安全与隐私管理、大数据分析及可视化展示	数据分析与可视化展示	数据信息安全（区块链技术）、大数据分析及可视化展示、信息查询与发布系统
信息报告及公开	—	HVAC系统运行信息、建筑故障报修、能源使用信息（历史信息、即时信息、未来预测信息）	—
能效管理	冷热源智能监控系统、自调节遮阳、智能照明系统、智能节水装置、能效计量管理系统	暖通空调交互控制、建筑物行为远程监控、家用设备的需求管理、智能窗户调节（自动调节、与空调暖通系统和照明系统互联等功能）、能源成本分配（热成本分配器（HCA）、智能手机远程读取）	建筑设备管理系统、能耗管理系统、节能电梯、节能扶梯、冷热源和水系统自动调节及远程控制、高能效冷热源、智能给水排水系统（变频供水、水泵监控及故障报警、分类报停）、节能诊断评估、建筑能源计量管理及用能负荷预测、可再生能源利用（光伏一体化、地源热泵、水源热泵、空气源热泵）、智能照明控制系统、水质在线监控系统

续表

技术类别	《智慧建筑评价标准》T/CREA 002—2020	SRI标准	《智慧建筑评价标准》T/CABEE 002—2021
室内环境控制	空气品质监控、光环境监控、温湿度监控、噪声监控、水质监控	烟雾泄露探测、漏水检测、一氧化碳泄露检测	空气质量控制系统、室内热湿环境分户独立调节功能、地下车库一氧化碳监控系统
用户健康与福利	住户健康检测、智慧健身设施、犯罪预防	居住者福利和健康状况监测服务、回家—离家功能	人员定位、室内导航、人员行为学习（机器学习、大数据）
空间灵活应用	会议室线上预约功能、可移动的围护结构和室内设施	房间占用自动检测	智能家居、智慧办公
能源生产	智能微电网	分布式能源、热电联产、可再生能源利用、微电网、虚拟电厂、智能电网、光伏并网	泛在电力物联网
出行	电动汽车充电桩	电动汽车充电（基于价格、时间、需求、车或电池全寿命周期等）、与电网互联	—
安防警报	建筑健康自动检测	楼宇智能报警技术、紧急通知服务、应急照明智能测试	综合安防功能及互联、火灾自动报警系统、视频监控系统、电子巡查系统、访客管理系统、出入口控制系统、报警和广播发布系统、应急响应系统、安防系统专用传输系统、建筑健康与舒适基础库和经验库、设备监控健康指数
特定类型建筑专业信息化系统	—	—	旅馆经营管理系统、图书馆数字化管理系统、档案工作业务系统等

1.5 智慧建筑技术发展趋势

绿色智慧建筑中的重要组成部分——智慧建筑技术整合了人类集体智慧，包括人工智能、新能源、传感技术等，朝着兼容性、创新性和可持续性快速发展。嵌入建筑物物理环境中并可供建筑物用户使用的人工智能，已成为智慧建筑在线发现问题、诊断问题、解决问题的有力工具。由威尔金森·艾尔建筑事务所（Wilkinson Eyre Architects）设计的Singapore Gardens by the Bay新加坡滨海湾花园项目（于2012年完成）及其保护区，就充分展示了智能技术和楼宇自动化系统（BAS）的应用，实现了能源效率提升和性能优化。建筑环境中智能传感设置已经成为智慧建筑开发必不可少的标准因素了。在提升暖通空调、室内空气质量照明、空气质量的同时，提高建筑的能源效率[52]。智慧建筑采用网络传感器来监测即时室内空气质量（IAQ），包括温度、湿度、室内空气污染物排放、危险污染物等，为建筑控制室内环境系统提供信息，能够在促进居住环境健康舒适的同时使能源消耗合理化[53]。对智慧建筑进行适当的监控能够有效优化建筑物的能源性能，这可以通过识别无效的能源使用、能源设备高效运行等途径实现[54]。BMS的应用是智慧建筑顺利运行的关键因素，遵循“灵活终端、计时调度、传感器控制、视觉识别动态调试”的原则。其中，视觉动态调试方法是最有效的方法。BIM技术帮助智慧建筑实时监控和成本估算，实现智慧施工、维护、生命周期评估[55]。类似的智慧技术还有很多，智慧设备的发展以及广泛使用，需要来自政府的政策支持、社会意识、高效价廉的智慧建筑技术的开发普及。展望未来，智慧建筑将是可持续的、绿色的、健康的、智能的，隶属环境、社会文化、经济和创新四个维度。

1.5.1　新能源和智慧电网赋予建筑新使命

随着新能源技术的成熟、政府对新能源推广的扶持和智慧电网的发展，发电能力由集中大型的发电厂分散到建筑住宅区中的太阳能板、风机等各种分布式电源节点。建筑不仅能够实现能源的自给自足，甚至能够产生多余能源并网，具有真正意义上的可持续发展内涵。

1.5.2　BIM技术助力建筑全生命周期管理

BIM模型是基于工程应用数据建立起来的五维（三维几何模型3D+时间进度模型4D+成本造价模型5D）全真模拟数据模型，可以实现协同设计、模拟施工、碰撞检查、智能化管理等贯穿建筑全生命周期的数字化、可视化、智能化软件。BIM系统存储了建筑完整的信息数据，不仅包含三维轮廓，还包含很多其他特征信息，比如材料的传热系数、采购信息、造价等，与其他建筑运维体系比如能耗模拟系统DEM的联合还能够实现能耗监测和节能等功能，推动绿色施工、智慧化运营。BIM与物联网的应用仍有待开发，两者的结合具有巨大的应用前景和价值潜力。

1.5.3　物联网与传感技术

我国物联网产业规模突破1.5万亿元，发展复合增速超过20%，发展极其迅猛。物联网应用于智慧城市、智能家居、安全保障、零售、医疗等多个领域。物联网技术进入DT时代，基础技术突破，Lora、NB-IoT、5G等标准成熟，成本不断下降，与传感技术结合实现物物互联，构建绿色智慧建筑信息平台。

传感技术不断进步，其价格大幅降低、性能和精度越来越高，智能程度越来越高。在绿色智慧建筑中，激光传感器、视频传感器、生物传感器、环境传感器等大量新型传感器隐身于建筑的各个角落，时刻监测着建筑的温湿度、人体健康状况、室内空气质量、水质情况、声环境、访客身份等各种信息。通过传感终端的数据进行模拟分析，反馈更加有用的信息为人类服务。无处不在的传感器结合大数据分析赋予建筑强大的感知能力，是绿色智慧建筑实现智慧运营的基础。

1.5.4　云计算实现大数据处理共享

云计算设施能够按需处理绿色智慧建筑产生的海量数据，按使用付费，动态可伸缩、扩展。随着技术的发展，云计算是分布式计算、效用计算、负载均衡、并行计算、网络存储、热备份冗杂和虚拟化等计算机技术混合演进并跃升的结果。它能够真正实现海量数据挖掘分析，为绿色智慧建筑乃至智慧城市实现互联创造条件。

1.5.5　人工智能技术赋予建筑“智慧大脑”

随着人工智能技术研究的深入、结合云计算和大数据技术成熟和基础设施的完善，绿色智慧建筑能够从外界环境和住户行为等信息中分析并深度学习，仿佛具备了独立思考的大脑，自动感知并自发调整。通过人工神经网络、决策支持系统、专家支持系统、多Agent技术等人工智能技术，使建筑具备深度学习前期的大数据分析成果，对环境、用户体验、经济效益等复杂问题进行快速建模并实时综合决策的能力。这是未来绿色智慧建筑的发展趋势。

经过20多年的发展，以5A系统为载体，依托信息通信技术（ICT）、传感技术、物联网、人工智能、建筑信息模型（BIM）等新一代信息技术，以动态控制为基础、采用自主管理提升建筑的安全性、可靠性，依托大数据及人工智能的发展赋予建筑物智慧的特征，不断优化建筑生命周期的经济性，使建筑能更好地满足人类的需求。目前，中国绿色智慧建筑系统集成商已经超过5000家，智慧建筑集成市场规模达到4000亿元[56]。阿里巴巴、腾讯、海尔、小米、中国移动等互联网及通信公司，都正在将自己的技术与产品嵌入公共建筑和住宅建筑中去，以实现各自的智慧建筑方案。

第2章　信息技术及基础设施

2.1 概况

智慧建筑是建筑在信息时代的新趋势，它将各项智能技术与建筑联系起来，并不是简单的技术堆砌，而是万物智联。智慧建筑依靠的正是建筑信息技术及基础设施的建设。信息技术及基础设施是支撑整个智慧建筑项目的重要载体，影响建筑搭载各项软件应用和智慧功能实现。基于物联网、人工智能、建筑信息建模等新一代信息技术搭建的智慧建筑综合服务平台能够实现各子系统的统筹管理、数据搜集分析、深度学习、管控预测，是智慧建筑的核心，也被称为智慧建筑的大脑，真正让建筑智慧运行。

2.2 移动网络与无线网络

2.2.1　第五代移动网络5G技术

5G（5th Generation Mobile Communication Technology，简称5G）是第五代移动网络，是继1G、2G（GSM）、3G（UMTS、LTE）和4G（LTE-A、WiMax）网络之后的新一代全球无线标准。5G无线技术能够为更多的用户提供更高速的、网络容量更加强大、具有高度可靠性、可用性和更好的用户体验（表2–1）。

随着5G浪潮技术快速成熟。据工业和信息化部统计数据显示，截至2021年底，我国建成并开通5G基站共计142.5万个，基站总量占全球的60%以上。5G网络已经成功覆盖我国所有地级市城区，并包括超过98%的县城城区和80%的乡镇。

5G无线技术以其更高的性能和效率赋予新的用户体验，并通过与边缘计算、AI、AR

（增强现实）、IoT（物联网）等信息技术的集成融合，能够无障碍实现人与机器、设备等物体的连接，为智慧建筑提供更加富有创新性的应用场景。

5G移动网络与第4代无线网络对比　　表2-1

序号	第4代无线网络 (2.4 GHz)	5G移动网络（理论优势）
1	由于延迟、滞后和应用程序定期卡住而导致的等待时间更长	低时延、高网络速度、无滞后
2	无线网络连接干扰	5G连接无干扰
3	连接问题（连接强度变化、间歇性断开连接）	稳定、一致、高速的连接强度
4	缺少端到端控制	可根据AR/VR需求进行定制
5	针对高设备要求的可扩展性较低	可根据高设备要求进行扩展
6	无法使用一致的高速网络进行远程学习，受空间限制	网络速度稳定，不受空间位置限制
7	无法高效支持基于云的VR	可以支持基于云的VR
8	网络速度不稳定导致VR呈现效果差，提高了对于硬件设施（如PC）的要求	高速网络能够实现使用多合一的无线移动设备和不带云服务器的PC
9	AR应用受限于无线网络的覆盖空间	可移动AR应用不受空间限制
10	其带宽和速率难以支持AR应用	5G高频带宽度和低延迟性能能够支持AR应用

案例 新加坡国立大学5G净零能耗大楼

位于新加坡国立大学（国大）设计与环境学院（School of Design and Environment，SDE）的5G净零能耗大楼，采用5G网络结合虚拟现实（VR）和人工智能（AI）领域的联合创新以实现建筑的节能减排（图2-1）。

位于国大SDE大楼的全新5G实验室是专为开展研究

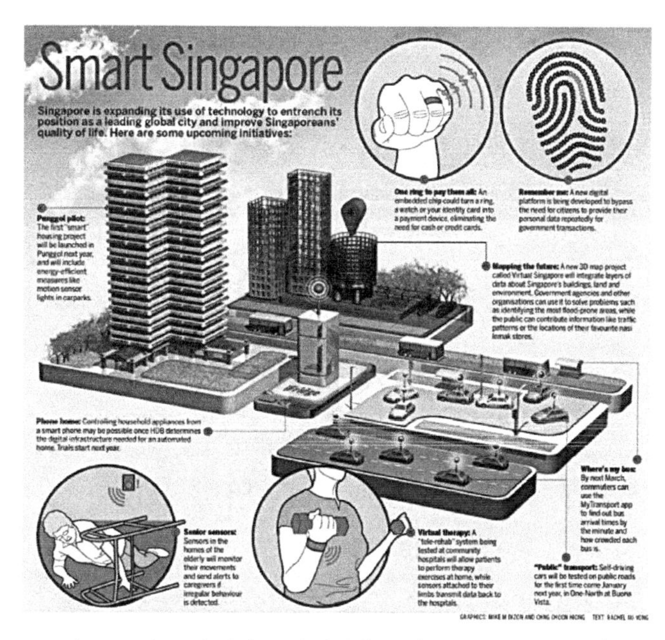

图2-1　新加坡首座5G净零能耗大楼，新加坡国立大学

活动而创建的净零能耗设计。这个实验室包含了旨在提高使用便利和可持续发展的综合技术解决方案。5G通过具备超可靠的低延迟通信和增强带宽性能的3.5GHz试验频谱网络，为实验室的VR和AI设备提供支持，打造沉浸式学习参与系统（Multiple Immersion Learning Education System，MILES）。

通过5G网络支持AR和VR技术用于沉浸式学习参与系统中，以实现师生互动、完全数字化的教学方式，打造颠覆式、身临其境的教学环境，从而大大提高学习效果（图2-2）。这种集成的应用程序能够实现虚拟建筑环境，学生可以随时通过手势与环境轻松交互，将环境中的各种建筑元素可视化。AR和VR技术加载对于硬件和网络速度的要求较高，如果使用原有的网络技术，最多可以有5名参与者加入虚拟教室，且学生必须在同一位置才能加入VR环境，难以投入教学实际应用。而通过使用5G网络技术，国大SDE可以正常加载最新VR、AR工具，实现多达30名学生全方位的教学课程，甚至可以远程进入虚拟教室上课（即在家或图书馆）。5G网络还能支持开发功能强大的基于云的服务，最终将降低昂贵的硬件成本（例如PC和服务器的成本）。

图2-2　新加坡国立大学SDE大楼沉浸式学习参与系统

2.2.2　第六代无线网络Wi-Fi 6 技术

Wi-Fi 6是第六代无线网络Wi-Fi技术，802.11ax标准，支持2.4GHz和5GHz频段，可以向下兼容802.11a/b/g/n/ac标准（表2-2）。相对于Wi-Fi 4，Wi-Fi 6 带宽提高3倍，网络速率

提高5倍，数据吞吐量提高3倍，为用户提供更强的性能服务。Wi-Fi 6 最大的性能改进是实现对多设备连接的支持，提高同一接入点同时处理设备的效率，好似高速公路拓宽了更多车道，为更多客户提供更好的服务。Wi-Fi 6 强大的数据吞吐量能够允许物联网更好地将更多的设备联结起来，实现更快的数据速率、更长的范围和更低的功耗。

带宽大、速度快、吞吐量大的Wi-Fi 6技术与5G网络结合，更好地支持物联网、AI、AR等信息技术，被广泛应用在更多的智慧建筑情景中。

（1）机场、火车站等交通枢纽：Wi-Fi 6更好地提升对于机场、火车站和园区等高密度部署区域的连接设备容量。

（2）自动驾驶汽车：Wi-Fi 6更快的网络速率、更低的延迟改善了对自动驾驶汽车的网络支持；并支持自动道路上的各种票务和支付服务定位网络。

（3）零售建筑：提高物联网基于Wi-Fi的位置准确性，能够更好地利用消费者的位置信息、停留时间等数据进行大数据分析并发布有针对性的广告。

（4）企业：Wi-Fi 6通过高性能网络服务能够更好地提高企业生产效率，包括对Wi-Fi呼叫的大幅改进，以及在扩展覆盖区域内实现更多同时语音呼叫。

（5）智慧城市（室外）：Wi-Fi 6以其增强的数据吞吐量和扩展范围，更好地实现最后一英里点对点或点对多点无线联结，支持更高的物联网密度，并支持部署超密集5G的回程。

（6）智慧农庄：Wi-Fi 6以其更高的数据吞吐量和更大的覆盖范围为农庄更大范围的网络覆盖提供可能。Wi-Fi 6能够很好替代传统铜缆和光纤，并与现有2.4GHz设备的高兼容性，确保其在村庄应用的经济性。

（7）居住建筑：室内的大量数据传输是通过Wi-Fi进行传输的，故Wi-Fi 6 以其增强的数据吞吐量和网络带宽，允许更多的同时间用户使用，减少高峰时段邻居争用网络，无缝支持更大覆盖范围的低功耗物联网。未来，Wi-Fi 6技术在居住建筑方面将会优化智慧家庭互联，促使技术统一在教育场景方面应用，使网络教学和云课堂成为趋势。

（8）医疗建筑：满足医疗影像（如PACS）对高速率、低延迟网络的要求，以实现高清晰、高效分析病例。

案例 武汉雷神山医院无线网络建设[57]

雷神山医院无线网络建设存在覆盖环境复杂、信号强度要求高、接入密度需求高、管理运营人员短缺等挑战。雷神山医院属于轻钢结构板房，采用金属面夹心板墙体，无线信号极易被屏蔽。院区许多工作设备如移动护理PDA等对无线网络稳定性要求较高，否则会导致扫描不上、网络中断、系统待机时间过长等网络漫游问题，影响病区工作开展。病区和办公区人员众多，接入密度较高，传统的无线共享带宽机制会导致多用户接入串行通行，导致用户体验受到影响。多种智能终端种类和操作系统庞杂，部分采用的低功耗系统回传信号弱，网卡漫游效果差。另外，网络安全问题也不容忽视。医院无线应用直接访问内网资源，需要确保无线接入不会影响医院内网的安全（特别是病毒），对于内部的移动护理PDA、平板电脑及笔记本电脑等需要提供多种接入认证方式，对非法的无线接入点提供压制；同时要求无线网络具备无线侧的防火墙和入侵检测能力，可以检测常见攻击方式。

公共空间、大型办公等场景，人数众多，流量带宽要求高。使用Wi-Fi 6技术，采用本体无线访问接入点（AP）加分体AP虚拟化成一个基本服务集标识符（Basic Service Set IDentifier，BSSID）的方法，实现无线信号全覆盖，解决终端漫游问题。802.11ax协议通过对物理层和链路层的优化实现了多用户并发效率的改进，解决了有效吞吐率低的问题，理论上可达到4倍实际吞吐量的提升。最终，办公区采用三频802.11ax放装AP进行无线覆盖，配套1 G/2.5 G/5 G多速率POE接入交换机，提供良好的接入体验。采用深度定制化的医疗场景产品，针对病房场景，解决其移动护理PDA漫游问题，同时在此基础上进行物联网的业务扩展。针对医院高密场景，采用最新Wi-Fi 6技术产品，保证用户大并发、大带宽的需求。

Wi-Fi的发展历程[58] 表2-2

Wi-Fi名称	协议	发布年份	最高速率	特点描述
Wi-Fi 1	802.11	1997年	11Mbps	仅是一种无线通信的标准
Wi-Fi 2	802.11b	1999年	54Mbps	实际应用速率已达到了11Mbps，但商业应用有限
Wi-Fi 3	802.11a/g	2003年	54Mbps	基于OFDM调制技术，在笔记本电脑上开始配置，是Wi-Fi高速应用的第一个时期，实现了Wi-Fi真正意义上融入大众
Wi-Fi 4	802.11n	2009年	600Mbps	基于MIMO技术。传输速率大幅提升，此时期智能手机出现，应用与技术相互促进，无线局域网技术发生了天翻地覆的变革，Wi-Fi成为不可或缺的生活需求
Wi-Fi 5	802.11ac	2014年	7Gbps	技术进一步发展，基于高阶QAM和高阶MIMO技术。宽带进一步提升，特别是2015年发布的802.11acWave2版本，引入了下行方向的MU-MIMO模式，无线传输从一对一扩展到一对多
Wi-Fi 6	802.11ax	2019年	10Gbps	物理层继续优化，基于用户场景进行了多方面的开发，组网部分引入了大量的LTB技术，典型多用户场景的性能进一步得以提升

2.3 建筑物联网

物联网（The Internet of Things）就是以互联网技术为基础，配合无线通信技术及多种硬件设备，将软件和硬件结合使用，实现万物相联的互联网，是新一代信息技术的重要组成部分。建筑物联网（The Internet of Buildings）则是建筑物与建筑物相连的物联网。建筑物联网是典型的交叉学科，涉及电子、通信、计算机、自动控制等多领域的相关专业知识，是跨学科的综合应用[59]。物联网被普遍认为有三个层次：感知层、网络层和应用层，见图2–3。

1. 感知层

感知层主要是由识别芯片、传感器、智能芯片、中间件等构成，可实现对多种物理化学信号的检测，实现建筑内部外部的原始数据采集，并将物体录入的信息及时传递。感知层被认为是物联网的核心层。该层涉及的主要技术有：传感技术、无线组网技术、射频识别技术、FCS（现场总线控制技术）等；主要产品有：传感器、传感器节点、无线路由器、无线网关、电子标签等。

2. 网络层

物联网的网络层主要完成采集数据和信息的传递与处理，通过5G、Wi-Fi、电信网、广电网等手段接入互联网。网络层是连接感知层的网桥，将获得的感知层数据进行汇聚，并发送到接入网络。

3. 应用层

应用层针对建筑各种需求，在TCP/IP网络架构上搭建集成应用平台，主要解决的是大量信息处理和人机界面的问题。通过物联网的网络层传输过来的数据在应用层进入各类信

图2–3 建筑物联网结构图[60]

息系统进行大数据处理，并通过各种设备与人进行交互。该层面能够实现对采集数据的可视化分析和挖掘，以直观形式呈现给用户，并在此基础之上采用数据挖掘算法，完成对数据的辨析和抽取，实现用户行为分析、故障预警、优化预测，以达到高效节能使用建筑的目的。

当前建筑物联网中智能设备的密度较大，且需要实时监控设备并及时进行响应，对建筑物联网数据的高并发和低延时处理要求高；此外，集中式云的数据管理方式要求数据使用者对云服务提供商的信任，同时存在数据安全问题。

智慧建筑的建筑物联网软硬件一体化平台，可实现应急管理、一键报警、能源管理、智慧门禁、数据分析等多系统互联。图2–4为建筑物联网模式图[61]。

建筑物联网技术在建筑物中应用相当广泛，为简化建筑运维管理工作带来新的契机[62]。

（1）消防安全防控。借助建筑物联网传感器对建筑实时巡检监控，并将巡检信息向巡检系统上传并分析，联动消防系统和安防系统；监测火灾报警设备开关机、探测器和主备电故障、消防水泵启动与停动等运行状态，及时发现隐患并多级报警，信息云处理及发布。当发生如火灾、电梯故障等突发事件，消防人员或施救人员可以借助地理信息系统技术，精准地定位报警检测器所在位置和报警单位位置，启动视频联动功能，将视频图像上传到监控平台，了解人员受困情况，提高施救效率[63]。通过物联网传感技术和定位技术，能够实现在初始阶段发现隐患并主动干预，实时了解事故或问题发生的精确位置和事态形势，及时主动式干预，降低问题处理的成本。

（2）建筑预防性维护。借助大量物联网设备（比如传感器植入、网络节点技术），建筑监控系统能够实现对建筑运行状态的整体感知。例如，热成像传感器能够随时监控，如发现超出温度范围的设备可以立即报警；借助超声波噪声的探测技术，能够定期对建筑进行超声波探测，及时发现类似建筑墙体裂纹或孔洞的输电线路的建筑隐蔽工程隐患。

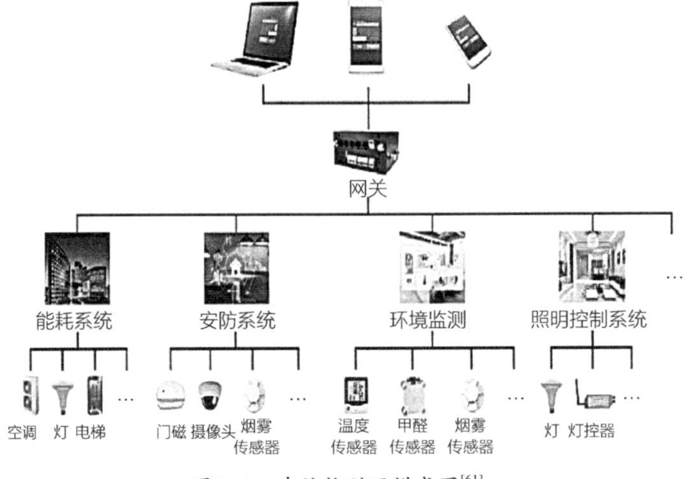

图2–4　建筑物联网模式图[61]

（3）建筑能效优化管理。借助物联网，建筑可以实现精细化管理，对于异常数据能够及时预警发送至PC端或者APP分析处理，在此基础上预测设备故障和退化程度；在线监控系统实时监控室内空气质量、热舒适性、能耗和设备运行指标，收集大量的运行数据加以大数据分析，产生建筑运行的最优化算法[64]，提升能源效率和用户体验。比如生活热水系统中的锅炉，能够根据历史运行数据和设备监控数据，对锅炉运行顺序进行推荐排序，提升生活热水系统的能源效率，从而达到对能耗的精细化管理，实现资源能源节约的目标。

（4）建筑大数据分析和挖掘。物联网实现建筑智能运维依靠的是大数据分析能力。建筑物联网传感器为建筑物联网平台采集大量的设备运行数据，通过分析优化算法实现建筑运行最佳状态和用户体验，提升建筑物智慧运行策略能力。

综上所述，以建筑物联网为基础的建筑智能运维发展必将为建筑运维领域带来革命性变化。随着建筑物联网技术的深入发展，只有做好物联数据标准化、接口标准化的工作才能达到建筑物联网技术应用的预期效果。

案例　基于物联网的智能地板设计[65]

基于物联网的智能地板设计系统由电源、传感器、加热模块、微控制器、网络通信及物联网平台组成。该系统采用单片机STM32F103C8T6作为智能控制核心，接收传感器（包括DS18B20数字温度传感器、重力传感器HX711、雨滴湿度传感器）获取的相应数据，控制加热模块MOSFET开始工作；另外再采用网络通信模块ESP8266使用MOTT协议介入物联网平台ONENET，物联网平台通过判断决策启闭加热模块，并且提供数据可视化展示。这样就能实现重力传感器检测到行人通过即可启动加热模块，雨滴传感器如果感应到水渍即启动加热模块的烘干功能，另外重力传感器检测到重力发生突变情况则触发OneNET触发器发送报警邮件。

2.4
建筑无线传感网络

无线传感网络技术兼具通信技术、嵌入式计算技术，其组成的网络具有分布式信息处理能力，能够实时监测、感知和采集周围各种环境或主体信息，并协同分析处理[66]。无线传感网络技术[67, 68]以其特有的优点给建筑物联网提供了技术基础。目前经常采用的基于建筑物内部的无线传感技术包括 ZigBee 技术、蓝牙技术、Wi- Fi 技术和超宽带通信（Ultra Wide Band，UWB）等。其中 ZigBee 技术详细规定了网络层和应用层，具有功耗低、成本低、网络容量大和传输可靠性高等优点，在数据传输中的应用较多[69]。随着无线传感网络技术的发展，无线传感器模块、微控制器（MCU）模块和无线通信模块等基础模块设计更加轻便，更加有助于无线传感网络的布设。基于无线传感技术的环境检测系统的主要组成部分包括传感器、无线电节点、WLAN接入点、评价软件等。传感器放置在楼宇中的各个位置，用于捕获不同环境变量，其信号转换为电信号发送出去。这些信号被无线传感器节点接收，并发送至WLAN接收点。无线传感器节点由微控制器、收发器、外部存储器和电源组成。WLAN接收点收集的数据经评价软件进行处理、分析、存储和挖掘，并生成评价报告。数量庞大的传感器和接收器，需要单独的电池或者其他的能源供给方式消除电源线布置的麻烦。新型低功耗的无线传感器减少更换电池的维护成本和系统停机的概率。如由Texas Instruments公司开发的低功耗PIR运动传感器使用的纽扣电池可以续航10年。

无线传感技术在建筑领域的应用广泛，比如红外热释电传感器、声音传感器和光纤传感器等在照明系统中的应用，实时监控环境的光照度，充分利用自然采光，精准调控照明系统以减小能耗；水泵自动启停控制器、压力测量调节器、水位流量计、用水量和排水量监测器、水质监测控制器等应用于给排水系统的监测、合理调度及故障报警；感烟传感器、感温传感器以及紫外线火线传感器应用到火险报警预防中；入侵探测器应用于建筑安防系统中，实现非法入侵报警功能。

案例　波特兰的下一代互联家庭

房地产开发商Capstone Partners与物联网初创公司IOTAS合作，在美国俄勒冈州波特兰的格兰特公园村（Grant Park Village）公寓为租户提供智能家居环境。每个公寓的每个房间都安装了各种传感器、智能插座和开关，使租户能够监控公寓的温度、湿度、灯光、热水系统等各个要素。租户可以创建适合自己生活习惯的规则，通过程序随时随地自定义智能家庭环境。比如可以设置如下规则：如果有人在晚上10点后走进卧室，公寓所有其他灯可自动关闭；如果租户的老板发来短信，客厅的灯应该闪烁3次，电视应该关掉。智能连接可以大大提高租户的便利性和舒适性，同时还可以节省能源并降低成本。

案例　苏格兰国家卫生服务NHS居家健康监测互联设施HomePod

苏格兰国家卫生服务（National Health System，NHS）定点医院为慢性阻塞性肺病患者提供了触摸屏平板电脑HomePod，与医疗设备（如血压监测仪，脉搏血氧仪和体重秤）实时互联，能够帮助患者在家里实时了解自身的健康状况，减少计划外入院，并减轻全科医生预约和非工作时间服务的压力。监测数据实时传输给临床医生供远程参考和诊断。这项服务始于2011年，现在有150名患者使用。与“常规护理”相比，HomePod能够节省40%的护理费用（相当于每年10万英镑）、减少26%的全科医生预约工作量、减少70%的急诊住院人数、减少86%本地非工作时间服务。依据使用这项技术的患者反馈表明，他们对这项技术感到满意，患者更加了解自己的病情而增强了安全感，由于就诊检查的减少而减轻了心理压力。医生护理团队能够实时了解患者病情并更好地管理病情。

2.5 建筑建模技术

2.5.1 BIM技术

建筑信息模型技术（Building Information Modeling，BIM）是指利用数字化技术，建立虚拟的建筑工程三维模型。2003年美国BIM国家标准National Building Information Modeling Standard，NBIMS）中对于BIM技术给出了较为完整的定义：使用开放的和交互操作的技术进行物理建模，用以创建、传递共享、管理建筑整个生命周期过程（规划、设计、建造、运营、维护、拆除等）中收集的建筑信息[70]。2019年国际标准EN BS ISO 19650—2018将BIM定义为使用人造信息的共享数位化呈现方式，促进设计、营造和营运过程，以利于形成可靠的决策基础[71]。国家标准《建筑信息模型应用统一标准》GB/T 51212—2016对于BIM的定义为：全寿命周期工程项目或其组成部分物理特征、功能特性及管理要素的共享数字化表达[72]。

BIM概念自2002年引入建筑业，至今已有20余年，并在全球范围内得到重视与应用。2003年美国总务管理署（General Services Administration，GSA）发布了全国3D—4D—BIM计划，全面推广BIM在建筑全生命期的管理技术。自2007年起，美国总务管理署要求其机构所有对外招标的重点项目都必须使用BIM技术，并对此给予资金支持。根据2021年《Smart Market报告》显示，北美BIM应用率近50%。

英国政府先后发布了《政府建设战略（2011—2016）》《英国数字建设战略》和《政府建设战略（2016—2020）》，旨在将数字技术引入建筑全生命周期管理，探索如何利用数字技术改善建筑及人居环境。根据英国《NBS国家BIM报告2019》显示，英国BIM应用率已从2011年的13%提高至2019年的69%，并从2019年起，协同国际标准化组织（ISO）

逐步将现行PAS1192系列国家BIM标准升版过渡至ISO19650国际BIM标准[73]。

芬兰作为Tekla、Solibri、Graphisoft等国际知名BIM软件厂商的所在地，建筑产业链整体信息化协同水平较高，基本实现规划、设计、施工等过程中的信息共享与传递[81]。由于北欧地区预制装配式技术体系十分成熟，建筑工业化水平高，而BIM参数化、信息化等特性对预制构件的加工及安装能起到很好的辅助管理作用，故而北欧成为全球最先采用基于BIM模型进行建筑设计的地区之一。芬兰于2010年前已出台了官方BIM标准或指南，但并未颁布强制应用BIM技术的政策法规。

BIM强调把整个建筑虚拟化、数字化，将建筑物的全生命周期各类信息（不仅仅是可视化的几何信息，还包含其他信息，如设备的采购信息、材料的耐火等级、构件的造价等）链接至建筑数字模型中构成了建筑物完整、全面、互联的信息库。

案例 BIM+物联网技术施工质量管理[74]

物联网技术与BIM技术深度融合，可以达到外部信息与内部信息相融合，辅助智慧建筑决策系统更科学更合理进行决策。基于BIM+物联网技术的装配式建筑，以青岛西海岸新区某装配整体式混凝土结构建筑（下文统称为PCA项目）为例，PCA项目采用BIM+物联网技术对装配式混凝土建筑进行设计、生产、运输、施工全过程质量管理，提高项目管理信息化水平及质量管理水平，有效节约成本、缩短工期。

通过采用BIM+物联网技术进行质量管理研究，有效提高项目的质量管理水平。PCA项目基于BIM5D平台项目协作，提高办公效率20%，提高信息化水平，创造价值40万元；基于BIM可视化交底及三维场布，提高项目管理水平，创造价值80万元；基于物联网技术进行全过程质量管理，避免施工质量问题81处，节约成本130万元，整个项目实现节约成本795万元、缩短工期31天。图2-5为BIM+物联网技术对施工现场布置图。

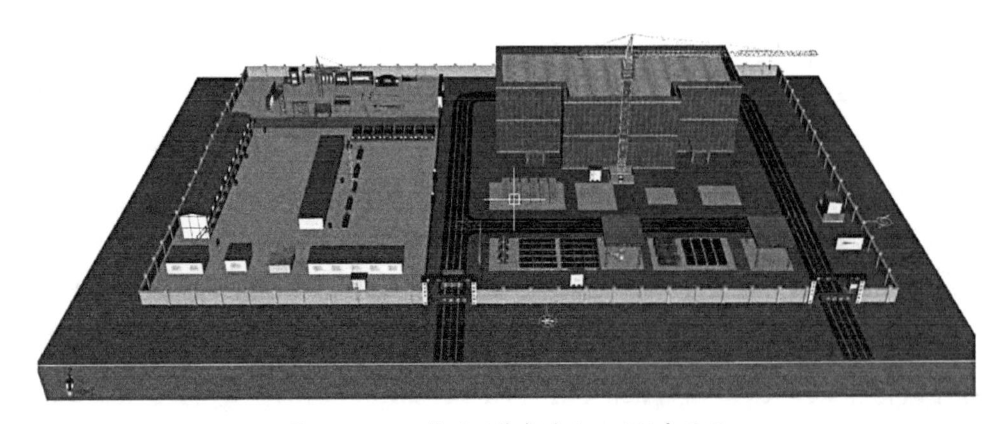

图2-5 BIM+物联网技术对施工现场布置图

2.5.2　数字孪生技术

数字孪生（Digital Twin，DT）是指基于监控实时数据及历史信息等，建立物理实体在虚拟空间中的映射（孪生模型），通过虚拟模型对实体进行模拟、指导、控制、优化、预测等，对物理产品、运行流程或系统的虚拟复制副本。DT技术发展大致经历3个阶段[75]：（1）概念形成期，从美国航空航天局（NASA）的Apollo13到数字孪生概念正式提出，数字孪生理论框架基本形成；（2）应用探索期，军事航空航天领域最早提出及应用数字孪生，随后向工业制造领域拓展；（3）智能发展期，数字孪生与AI及大数据、物联网等New IT技术融合，应用场景向民用领域拓展，推动各领域数字化、智能化转型。

早期的数字孪生技术仅用于对物理环境或者单一设备建立简单数字模型，以实现故障检测及预测性维护等用途。近年来，数字孪生技术快速发展，能够实现对整个组织及运营过程构造有机的虚拟模型，将各个子系统的数据和整个组织中的人、事物、流程实时交互在一起，以促进设备、人员和工作流程的运行效率，并能够实时监控各项关键绩效指标。

智能建筑数字孪生体本质上是数字世界和物理世界之间的桥梁。它通过使用信息通信技术，将传感器和物联网设备收集得到的有关设备的实时数据来实现流程、设备、人员信息互联，用于处理、分析、操作和优化智能建筑中的流程。在建筑领域，DT技术智慧建筑采用数字孪生技术对数据进行数据预测和全寿命周期管理，主要包含物理空间、信息空间以及连接两者之间的数据部分，通过数据和信息的交互，可以利用物理空间中实体的数据在信息空间中生成一个虚拟模型，对建筑进行全寿命周期管理。如图2-6所示为数字孪生模型。

智能建筑数字孪生体的4个关键要素包括：

（1）数据。需要来自整个智能建筑的数据，例如有关人员、流程、连接设备、运营建筑系统、IT 和外部信息（如天气或交通源）的数据。

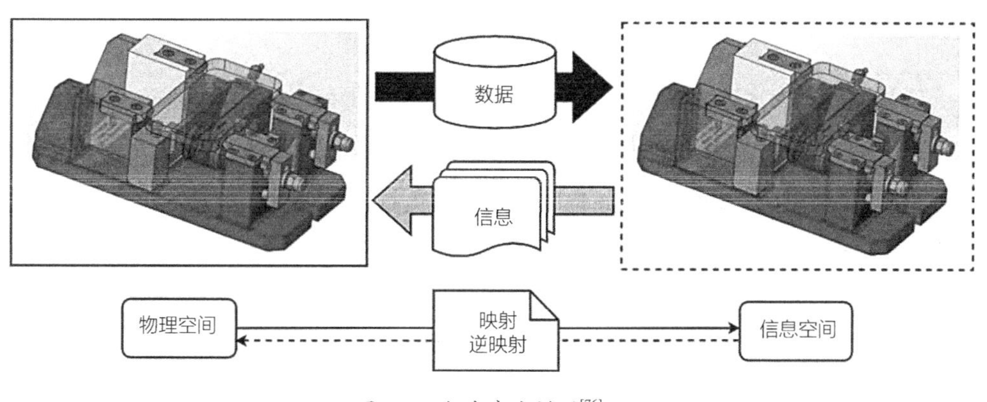

图2-6　数字孪生模型[76]

（2）上下文。包括有关建筑物实际状态、居住者正在执行的操作、设备行为和工作流状态的实时信息。

（3）算法。需要用算法应用于数据的方法来推动行动。最常见的是，推理基于异步处理的规则、人工智能（AI）或机器学习（ML）模型，或针对不同事件频率的时间推理。

（4）关键绩效指标（KPI）。需要 KPI 来提供有意义的业务上下文，并确保目标与绩效衡量之间的一致性。

2.6
建筑元宇宙技术

建筑元宇宙技术是数字技术的新型应用形式，需要整合建模、物联网技术、拓展现实技术（Extended Reality，XR）等信息技术的综合应用，具有很大的应用潜力[77]。采用Rhino、Alias、Maya、3Dmax等工业造型设计软件进行三维数字化建造的方法，让建筑设计从二维走向了三维，这是建筑设计方法的一次重大转型[78]。BIM技术不光能建模，还能实现XR技术包含虚拟现实（Virtual Reality，VR）、增强现实（Augmented Reality，AR）与混合现实（Mixed Reality，MR）等技术逐渐在建筑项目中落地应用，实现了数字信息与现实环境的不同程度融合，人机交互的沉浸式环境[79]。

元宇宙作为多种既有信息技术的集成，在建筑行业其他数字技术的基础上，元宇宙会以更先进的形态赋能现实建筑行业的发展。设计阶段，元宇宙能够通过提供虚拟交流空间和虚拟设计方案模型，使利益相关方都能够借助XR技术实现对建筑的可视和体验，参与到设计和规划中[80, 81]。施工阶段，元宇宙技术可以搭建虚拟施工场景，实现多人协作或者异地协作的施工预演模拟[82]或者应急演练[83]。运维阶段，元宇宙通过虚拟与现实一致的建筑空间，丰富用户在虚拟空间的互动体验，形成多人互动的虚拟交流空间，为建筑的运营维护拓展了新的可能性[84, 85]。

NFT和区块链技术也被应用在元宇宙中。非同质化代币（Non-Fungible Token，NFT），用来表示数字资产在元宇宙中的真实性合约，是数字资产的唯一加密货币令牌，可以用来在NFT市场进行交易。任何数字资产，比如修建的建筑物，都可以通过NFT来进行交易，并在区块链（比如加密货币、比特币等）上呈现。

建筑元宇宙技术有着极大的应用潜力，但我国目前技术水平还难以完全支撑其成熟应用，问题存在于XR设备便携性及建模技术的稳定等[86]。未来在智慧建筑建设中，用户可以使用体感设备进入虚拟设计方案内部进行体验，以便于智慧建筑方案的改进；在施工阶段，扩展现实技术可以3D数字技术为基础，模拟施工的实体情况，也可预见施工所面临的困难。扩展现实技术的软件一旦普及，用户可以足不出户地感受到建筑物的舒适、质量、安全和方便程度。

—— 2.7 ——
机器学习

人工智能（Artificial Intelligence，AI）技术是计算机科学的分支之一，是用来研究、开发应用系统的技术科学，能够模拟人的大脑，进行相关理论、方法的分析与创新。AI技术允许机器学习大量的数据信息，识别数据集中的模式和关系，并为决策者提供即时甚至预测性的推荐和建议。AI技术包含语言识别、信息处理、专家系统等应用功能，能够根据人的思想意识进行信息过程的模拟，从而降低人力资源的使用率[87]。

人工智能技术在智慧建筑的应用上包括三个方面：专家控制系统技术、人工神经网络和智能决策支持系统。

专家控制系统技术。即在计算机系统中建立信息数据库，该数据库涵盖了各种专业知识，使该系统具备了相当于某一专业领域专家的知识水平和解决专业知识的能力。使用该系统可以优化智慧建筑的运行，为智慧建筑的楼宇设备自动化系统、电力控制系统、物业管理与服务提供最优控制、智能支持。

人工神经网络。人工神经网络控制系统的运用能够优化智能建筑系统，促进系统升级。随着人们的应用需求系统不断优化，智能建筑的整体结构也逐渐复杂化，智能建筑管理系统应当能够处理问题和多角度监控。人工神经网络控制系统在此环节作用突出，其强大的自学能力以及检测功能可对突发事件以及复杂事件智能掌控，有效提供监督以及非监督训练。训练输出神经元加权系数调节以及提供自动组织功能，为智能建筑复杂控制提供可能[88]。

智能决策支持系统。综合了人工智能技术、分布式数据库和数据仓库技术及计算机技术等技术力量，又以管理学、运筹学、控制论行为学等学科作为理论依据，为决策者提供决策所需要的数据、信息和资料，并可对各种决策方案进行智能优化、分析、比较，辅助决策者提高决策能力，提高决策或方案的科学性和效率。在人工神经系统中设计的火灾自动报警系统的组成结构如图2-7所示[89]。

AI技术发展迅猛，其在建成环境中的应用给建筑行业带来变革性的改变。肯塔基大学采用各种机器学习方法相互对立，以寻求最佳的零售楼层布局[90]；WeWork 研究小组使用神

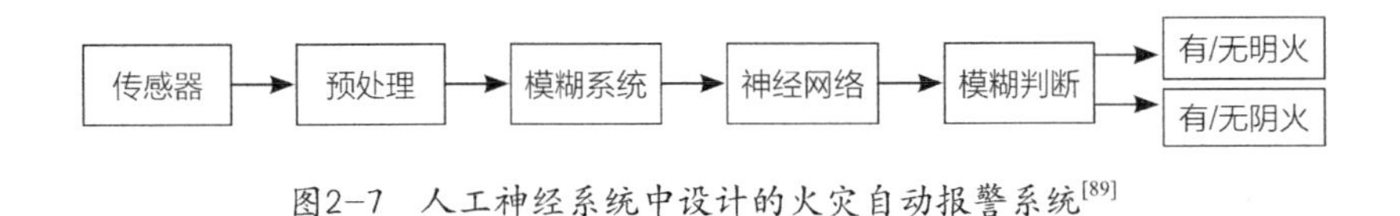

图2-7　人工神经系统中设计的火灾自动报警系统[89]

经网络根据历史使用模式生成改进的会议空间布局[91]；卡内基梅隆大学研究人员提出的神经网络框架[92]为能够平衡空间特征与更抽象的考虑因素（如隐私）的模型提供特征提取。

2.8
云计算和大数据技术

近年来，依托互联通信技术的快速发展，云计算和大数据技术成为现实，广泛应用于社会的方方面面，从个人、设备到建筑物和街道，再到基础设施，甚至整个城市。大数据是由数量巨大、结构复杂、类型众多的数据构成的数据集合，是基于云计算的数据模式与应用模式，通过数据的整合共享、交叉复用，形成的知识资源和知识服务能力[93]。美国国家标准与技术研究院（National Standard and Technique Institute，NSTI）对云计算的定义为："云计算是一种按使用量付费的模式，这种模式提供可用的、便捷的、按需的网络访问，进入可配置的计算资源共享设施（包括网络、服务器、存储、应用软件和服务），这些资源能够快速访问，不需要很多的管理工作，也无需与服务供应商进行交互。"对大数据的定义为："大数据由广泛的数据集组成，具有高容量、多样性、高速度和/或可扩展性等特征。"因此其需要可扩展的用于高效存储、操作和分析的架构。这包括引用最广泛接受的大数据"三个 V"：容量（Volume）、速度（Velocity）和多样性（Variety）。

• 高容量。以 TB、PB 甚至 EB 为单位的庞大数据量。

• 高速。速度是指由传感器实时生成的数据生成速度，也可指所需的数据分析速度。

• 多种类。数据由不同的数据源生成，包括结构化数据和非结构化数据，这样可以在时空上引用数据，比如将交通流量数据与旅游交通体验的评论相结合生成多功能的交通旅游地图。

除了这三个基本特征外，与大数据相关的特征还包括可拓展性、准确性、可视化以及价值密度等。因为大数据不仅与数据的收集和分析有关，还包括数据的输出结果。

借助传感器，智慧建筑会产生相当数量的运营管理数据，且这些数据涉及建筑物的管理细节和用户个人隐私，需要注意加强管理，减少来自网络的攻击，避免犯罪发生。

大数据赋予智能建筑自我监控和管理的能力。楼宇自控系统可以自动管理供暖或制冷系统，自动调节指定房间的光照，时刻监测设备的运行状态，能够在问题出现之前自动预警并开展预防性维护工作。随着这种规模的大数据应用与建筑和复杂信息系统基于海量数据获得的自主意识，建筑变得有知觉，自动化水平提升到一个新的水平。这将大大提高建筑的使用效率，提高居住体验。

大数据是创建智慧建筑管理系统的核心，充分考虑了建筑物的资源有效利用，成本的控制，同时提供高质量的居住环境。收集分析来自各个方面的数据，支持更节能高效的建筑管理措施决策。比如基于室外环境进行动态互联的室内空调暖通系统，能够在线抓取天气预报信息和建筑物热性能数据，实时调控空调暖通系统以提高建筑物运行的能源效率。智慧建筑在其生命周期中采集大量且冗杂的数据，但其中有大量数据不为分析所需要。这就要从海量且冗杂的数据中提取出用户所需要的真实有效数据。常见的例子是采用大数据技术将智慧建筑基于BIM的运营管理平台抓取的数据结合智慧建筑咨询研究报告等相关信息进行挖掘、分析与展示，为智慧建筑的运营提供优化策略。

案例　英国旧楼改造

对一座始建于20世纪80年代的位于英国伦敦郊区的五层商业建筑楼进行升级改造。改造措施包括：接入区域市政供暖和电力网络；更换高耗能照明灯具为节能照明灯具；改造通风和能源管理系统；加装太阳能光伏板，可现场产生可再生能源供项目使用；淘汰老旧的用水器具，更换为节水器具；构建该建筑物的BIM模型。通过收集用户使用建筑物的相关数据，预测监控该建筑物的能源消耗，支持有针对性的建筑能耗管理措施。通过改造后，该建筑将比翻新前减少56%的能耗，减少55%的用水量。翻新改造的费用能够在13年内收回。

2.9 区块链技术

区块链是由多方参与维护，使用密码学方法相关联，可信任的分布式数据库，即创造信任的机器。狭义而言，区块链是基于时间，将写入数据的区块依次链接而成的链式数据结构；广义而言，区块链技术是通过链式区块结构验证和存储数据，通过共识机制生成与更新数据，通过密码学原理保障数据安全，是基于自动化脚本代码的智能合约规范数据操作的分布式基础架构和计算范式。区块链由按时间顺序链接而成的各区块组成，通过验证的信息被记录在区块中，以时间间隔为节点增加新区块，并以链状链相原区块[94]。

区块链技术具有几个重要的特性，这些特性构成了将区块链应用于智慧建筑施工管理的理论基础。

1. 去中心化。即区块链技术的分布式账本系统允许所有人能够在即使没有管理员或者中心数据存储机制的情况下，也可以获取完整的数据库及其完整的历史记录信息，从而实现人与人，点对点的交易。在建筑施工过程中，区块链技术的去中心化特性帮助工程参与的所有相关方实现信息共享。

2. 哈希算法。哈希值（Hash Value）是由任意长度的密码函数转化的没有具体含义，有固定长度的输出值。因为哈希值对输入高度敏感，任何的输入值变化都会产生截然不同的输出值，所以哈希值是不可逆，也是不可更改的。每人都会有一份哈希值的记录，所以即使某个人想私下修改哈希值记录，就只能修改自己的，无法修改别人的记录。借助哈希算法，建筑工程能够保证所有记录的信息不被篡改，记录是公正透明、长期有效的。

3. 即时数据共享。通过手机应用程序，每个工种的班组可以安装区块链应用程序到手机或者IPAD上，通过自行输入PPC值，互评PPC值和实物拍照与Building Information Modeling（BIM）完成效果图像识别的方式确认各自的信任度，并实现实时共享。总包和所有参与者不需要等到下一个计划周期，而是可以当场实时共享PPC值。

4. 可追溯性。每个“区块”的排列链接顺序，均包括了数据的时间信息。每次信息变更都会被记录下来，形成时间戳。在建筑施工过程中，建设单位对于工程不同阶段的需求，设计变更、施工单位的工程质量、工程全过程责任人员、工序及进度管理等信息均可以以时间戳的形式写入区块，串联成链。后续可供追本溯源、厘清责任。

5. 智慧合同。区块链中的一个很有用的工具就是智慧合同。智慧合同可以规定，当信任度高时，Specialty Trade会获得相应程度的奖励。当信任度低时，Specialty Trade会受到惩罚。结合第三个即时数据共享的功能，可以实现现实的奖惩分明。比如说每周五下午同时上传、分享、确认PPC数据，并立即转账兑现奖惩，从而达到公平、及时激励、提高信任度的行为。

6. 区块链的网状结构非常符合建筑施工的网络结构概念。借助区块链，形成参与者之间的网状结构，能够在建筑施工管理中实现以每个工种的班组为单位的动态社会网络。这些班组以共享工序衔接逻辑关系、材料、机械设备使用时间，或以共享空间的方式形成动态的社会网络。不同颜色的连接线代表不同的联系强度。两者类似的网络结构使应用区块链技术建立信任网络成为可能[95]。

2.10
边缘计算技术

智慧建筑中数据的集成可使用边缘计算技术将感知、运营等各种数据进行技术处理。边缘计算是指在靠近物或数据源头的一侧，采用网络、计算、存储、应用核心能力为一体的开放平台，就近提供最近端服务。其应用程序在边缘侧发起，产生更快的网络服务响应，满足行业在实时业务、应用智能、安全与隐私保护等方面的基本需求。边缘计算处于物理实体和工业连接之间，或处于物理实体的顶端。而云端计算，仍然可以访问边缘计算的历史数据[96]。

案例 基于边缘计算的建筑工程全场景安全管理模式[97]（图2-8）

数据感知层由具备各式传感器的终端设备构成，可实时准确地获取建筑工程人、事、物，全要素、全周期、全过程的相关信息。如采集施工现场视频数据的摄像头，采集施工环境温湿度的温湿度采集模块，获取作业人员位置信息的射频识别（Radio Frequency Identification，RFID）标签等。数据感知层中采集建筑工程全生命周期、全场景中全要素产生的数据，主要包括参建人员的工作行为数据（安全帽佩戴、操作行为，用水用电数据等）以及建筑施工环境中各种生产物资（如钢材位置及数量，用具运转数据等）、外部环境数据（温度、湿度等），形成实体世界的“数字孪生”模型，为安全管理平台提供全面的数据信息。数据感知层除了利用各种传感终端设备对施工现场各要素进行就近采集实时数据之外，还通过ZigBee、Wi-Fi、网线等方式将采集感知到的数据上传到上层，实现数据交互。边缘处理层对于实时边缘服务的处理流程为：首先，接收底层传感器设备采集而来的上行数据（如监控员工是否佩戴安全帽的视频数据），或者是来自上层发布的下行统筹指令（如佩戴安全帽的指令）。然后，利用边缘网关或服务器对接收到的上行或下行数据进行处理分析（如判断哪些员工未按规范佩戴安全帽）。最后，把处理后的结果通过各类传感器反馈到终端设备中（如对于未佩戴的员工发出警告提醒），进而实现个性化、实时、敏捷的服务。场景应用层主要由具有高性能的云服务器集群构建，通过搭载大数据运算架构，对各个边缘层上传来的原始数据、半处理数据、结果数据进行长久保存，更加深入地分析挖掘，以应对各种建筑工程安全管理的场景需求，如人员调度、物料管理、安全评估、技术方案部署等全局性统筹需求。

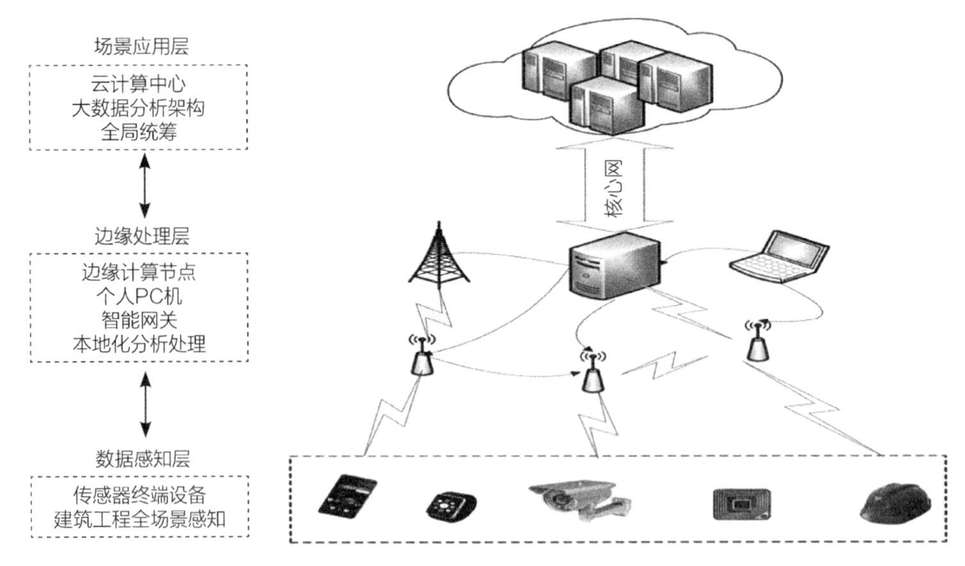

图2-8　基于边缘计算的建筑工程全场景安全管理模式

2.11
信息安全技术

智慧建筑的网络安全威胁可根据不同的来源地划分为内部威胁和外部威胁。内部威胁一般来自员工泄漏，而外部威胁可能是黑客或竞争对手根据监控的智能现场设备或利用管理层等发动攻击[98]。

为防止网络安全威胁，可以采用设置权限、网络隔离、防火墙、数据脱敏等技术来保护智慧建筑的信息不受破坏。

在用户进入智慧建筑的网络时，要严格控制用户的智能识别和认证，处理好用户的系统使用权限。通过自己搭建的多授权组织，采用属性化和加密技术，对用户实施授权，从而有效控制用户对数据的访问，防止恶意用户对系统产生的安全威胁。

智慧建筑可采用商用密码技术，对重要的数据进行加密认证，防止数据被恶意攻击。另外，可使用快照、备份、云存储防止数据的篡改与破坏。还可以使用区块链技术，将数据的掌控权从互联网转移到管理者手中，避免他人恶意进行数据的攻击与篡改。

智慧建筑可采用网络隔离、防火墙等技术工具保护数据安全。网络隔离技术简单来讲就是多台计算机或网络在断开连接的基础上仍可以实现信息数据交换。在目前信息化条件下，单台计算机出现木马病毒的概率是极大的，网络隔离技术的任务就是把计算机划分为多个安全区域，将病毒局限在小范围区域内甚至一台计算机上，从而有效地处理计算机病毒和避免计算机系统的大面积瘫痪。防火墙技术是指结合各类软硬件帮助计算机网络在内外网之间架起一道“安全屏障”以保护用户资料，其主要功能有三项：一是滤网功能，所有进入网络的内容都会在防火墙进行过滤；二是监控功能，把网络的使用状况汇总分析寻找可疑动作进行报警，且可以在计算机运行时及时找出存在安全隐患的信息并有针对性地解决；三是保密功能，实现内部网重点网段的层层隔离，限制局部重点网络或敏感网络安全对全局网络造成影响。网络隔离、防火墙这两项技术的综合运用可以很大程度上阻挡来自内外网环境的攻击，确保数据安全。

对个人身份信息、手机号码、家庭住址、个人或企业知识产权、企业内部业务信息、国家机密文件等敏感信息可通过数据脱敏技术对数据处理变形，有效保护隐私数据及机密数据。

2.12
基础设施

智慧建筑需建设一个完备的IT管理系统来监管所有基础网络、服务器以及所有IT资源运行情况，并及时发现解决问题，IT管理系统支持智能终端远程访问，且支持多个工程师共同操作处理。IT管理系统使用通信机房的空间、管道容量及配电设施等满足三家及三家以上运营商平等接入的要求，且可供用户自由选择。

针对不同的智慧建筑，基础架构需个性化定制。一是要提前做好资源池，以实现资源共享、提质减耗。二是基础架构应支持与各种类型的设备进行连接，对操作系统和应用进行兼容性适配。三是数据架构应综合应用边缘计算、无服务器计算、混合云计算等技术提高其可扩展性。四是智慧建筑的数据基础设施可采用分布式或超融合等架构提高其扩展性以实现计算能力的提升。

智慧建筑可以采用服务器托管、服务器租用、IaaS云服务等技术或组合来满足智慧建筑对网络、计算、管理和存储的需求。服务器托管是购买相关服务器设备放置到当地运营商的IDC机房中，只需保持其电力和网络持续输入，可以使整个服务器不用人工操作，只需托管。服务器租用是指无需自行购买服务器，只需要对服务器的硬件配置作出要求。服务器硬件设施由IDC服务商提供，并支持服务器基本功能的正常运行，让用户独享资源。使用这两项技术极大地节约了智慧建筑高额的服务费和成本，而且服务器租用避免了不必要的浪费，也可以对设备随时进行升级，避免设备落后。

第3章　智慧能源技术

3.1 概况

据国际能源署（IEA）统计，建筑建设运营每年产生碳排放约占全球总排放量的40%，其中居民和商用建筑的化石能源使用，即直接碳排放占全球碳排放 9%；电力和热力使用，即间接碳排放占19%；另外，建材加工及建筑建造过程的碳排放占 10%[99]。美国、欧盟、英国、德国等均出台了相应的低碳发展政策和方案，建筑领域实现超低排放甚至零排放是实现碳达峰、碳中和的重要抓手。随着我国“碳达峰”“碳中和”的减碳目标的提出，建筑节能减碳相关文件陆续出台。2021年10月，由中共中央和国务院联合发布了《关于完整准确全面贯彻新发展理念做好碳达峰碳中和工作的意见》(中发〔2021〕36号)，明确指出要“推进城乡建设和管理模式低碳转型、大力发展节能低碳建筑、加快优化建筑用能结构”，在建筑领域提出了城乡建设绿色低碳发展的顶层要求。2021年10月，中共中央办公厅、国务院办公厅印发《关于推动城乡建设绿色发展的意见》，提出“要建设高品质绿色建筑，大力推广超低能耗、近零能耗建筑，发展零碳建筑，实现工程建设全过程绿色建造”。2020年7月，住房和城乡建设部等十三部门联合印发《关于推动智能建造与建筑工业化协同发展的指导意见》，明确列出加速建筑工业化升级、提升信息化水平、开放拓展应用场景、创新行业监管与服务模式等重要任务，以实现我国建筑工业化、数字化、智能化水平显著提升。政策文件的陆续出台，提示着建筑智慧用能技术的推广使用、绿色低碳建材的推广、既有建筑的智慧改造等都是建筑绿色化低碳化的有效路径。分布式光伏技术、智能微电网、建筑智能化控制系统、冷热源监控系统等智慧在应用中展示减碳排、提能效的巨大潜力。

3.2
分布式光伏技术

建筑用电提高可再生能源接入比例及其系统运行效率对实现“双碳”目标有着重要的意义。分布式能源（Distributed Energy Resource，DER）是建筑用电实现减碳目标的重要手段。在建筑中应用较多的分布式可再生能源，包括分布式光伏（Distributed Photovoltaic，DP）、分布式储能（Energy Storage，ES）等，能源就地生产与消纳，减少能源因远距离传送造成的损耗。

分布式光伏是在用户场地附近建设的利用太阳能发电的系统，采用光生伏特效应原理，太阳能电池在光生伏特效应下发生能量转化作用发电。运行方式以用户侧自发自用、多余电量上网，且在配电系统平衡调节为特征的光伏发电设施[100]。分布式光伏与建筑结合的主要模式为建筑附着光伏（Building-Attached Photovoltaics，BAPV）及光伏建筑一体化（Building-Integrated Photovoltaics，BIPV）两种。BAPV系统多用于存量建筑，需要考虑建筑荷载、附着在建筑物上的光伏组件防风且易被建筑物遮挡导致损耗等问题。所以BAPV使用场景相对受限，目前的使用场景主要集中于屋顶以及外挂式幕墙。

BIPV光伏组件与建筑物同时设计、同时施工和安装并与建筑物相结合，也称为“构建型”和“建材型”建筑光伏，其既具有光伏发电功能，又能承担建筑构件和建筑材料的作用，更好地与建筑物融为一体。BIPV 由于其本身承载了建筑材料的性能，且组件可以采用透明彩色碲化镉光伏发电玻璃产品，因此其应用场景更为多元化，除屋顶、幕墙外，还可用于阳光房、采光顶、屋檐遮阳、光伏车棚、光伏温室等领域，使用空间被进一步放大。BIPV 本身即为建筑材料，集中在建筑施工流程中，本身能起到透光、遮风挡雨和隔热等功能，因此其主要应用于新建建筑或整体大规模翻新建筑。

图3-1和图3-2分别为海口日月广场墙顶光伏发电项目（BAPV）和保定嘉盛光电绿色智慧生态小镇示范项目（BIPV）。海南省海口市的日月广场在楼顶安装光伏发电的项目，属于BAPV型项目。该项目于2018年启动，设计发电容量3.8MW（兆瓦），光伏发电面积近4万m^2，2019年9月施工，2020年1月1日起正式并网发电。目前，项目日均发电1.2万kW·h；年度发电量450万kW·h，占日月广场总用电量10.76%。与传统火电相比，日均可节约5t标准煤。嘉盛光电绿色智慧生态小镇示范项目为BIPV型项目。该项目采用光伏绿色建材青砖黛瓦突破传统太阳能电池板的外观、颜色设计，作为建筑物外部结构的一部分具有发电功能。

我国发展分布式光伏技术潜力很大。全国各地太阳年辐射总量达3350～8370MJ/（m^2·a），太阳年辐射平均值为5860MJ/（m^2·a）。全国总面积2/3以上地区年日照时数大

图3-1 海口日月广场墙顶光伏发电项目（BAPV）[101]

图3-2 嘉盛光电绿色智慧生态小镇示范项目（BIPV）[101]

于2000h，年辐射量在5000MJ/m²以上[101]。自2002年实施光伏示范项目以来我国太阳能光伏发电技术的应用发展迅速，应用规模逐步扩大。2015年我国光伏累计装机容量超过德国成为全球第一。

3.3 智能微电网技术

智能电网系统是由分布式能源、储能、能量转换、负荷装置等软硬件组成的小型发配电系统。它综合运用分布式能源和分布式储能装置以实现清洁能源的全额消纳，又可实现多种能源的清洁发电，其可与常规配电网并网运行，也可孤网运行，并且可以灵活管理、调配、输送，能够改善用户用能曲线。

以光伏、风电为代表的分布式可再生能源受地理、天气和季节时间影响，发电量不稳定，对电网的消纳、调度和保护都有一定挑战。智能微电网中的分布式储能技术能够有效解决以上问题。该技术是容量较小且靠近用能负荷端的储能配置方式[102]。通过对可再生能源的时间调蓄，消除昼夜峰谷差，消除季节能源峰谷差、及时响应需求，维持供需动态平衡。但智能微电网存在储能系统分布过于分散、难以协调控制，难以在传统设备之间协调控制、用户投资回报周期过长等问题。分布式储能设施的共享交易商业模式能够一定程度解决分布式储能设施闲置且给用户带来额外收益。德国的Senec.Ies公司是德国最大的能源供应商之一，该公司自2009年以来一直在开发智能分布式电力存储系统并探索分布式储能共享交易创新商业模式。该系统旨在开展分布式储能创新商业模式的探索研究，用户通过屋顶光伏出力消纳和公司提供的储存服务降低电费，充分高效地利用分布式储能系统[103]。

在与智慧城市的连接中，智能电网可接入智慧城市现有的多级智能电网或配电网，实现能量的双向流动，互利互补。我国吐鲁番地区的微电网示范工程很好地体现了智能微电网技术对太阳能在城市建筑中的综合利用，该项目是当前国内规模最大、技术应用最全面的太阳能建筑一体化项目，光伏等新能源发电量占微电网区域内用电量的30%以上。该园区采用微电网群（图3-3）的方式形成独立的区域性子微电网，每个子微电网都采用开放式分层分布结构，包含就地控制层、集中控制层、配电网调度层[104]。各个子微电网从配电网安全运行、经济运行的角度协调调度微电网，微电网将运行信息上送调度或上级变电站，并能接受上级配电网的调节控制命令；集中管理分布式电源和各类负荷，在微电网并

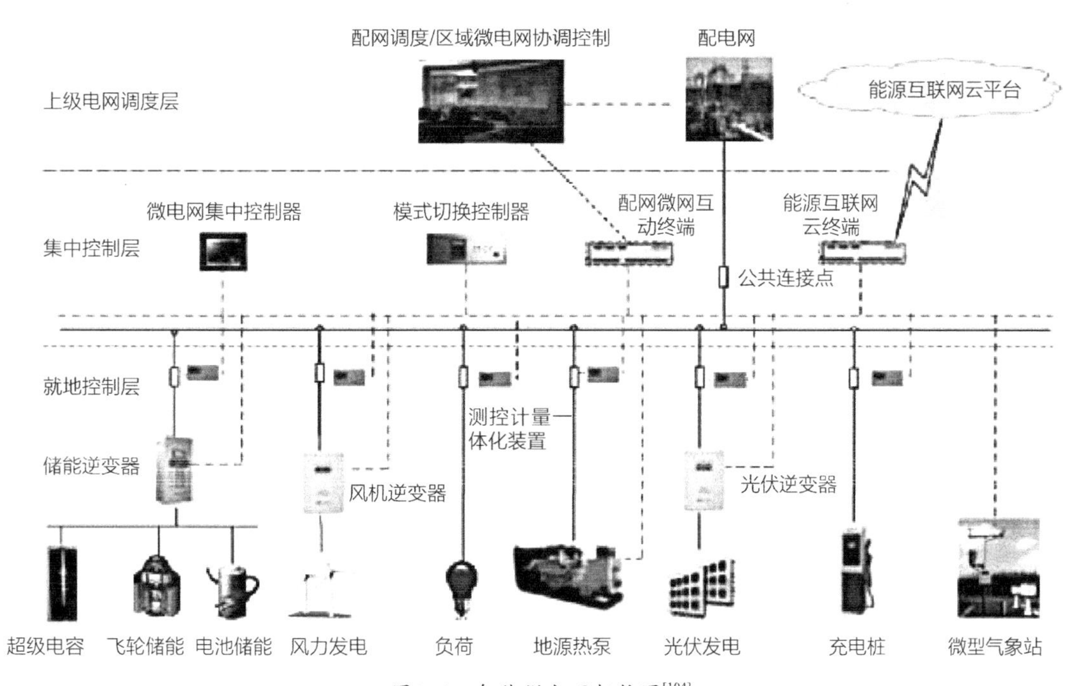

图3-3　智能微电网架构图[104]

网运行时负责实现微电网价值的最大化，以及提高供电电能质量，在孤网运行时调节分布式电源出力和各类负荷的用电情况，实现微电网对重要负荷的持续可靠供电和微电网并离网过渡状态快速切换控制；微电网的暂态功率平衡，实现微电网暂态时的安全运行，使微电网能量管理系统实现稳态安全、经济运行。

集中控制层设备按微电网远景规模配置，就地控制层设备按工程实际建设规模配置。集中控制层设备布置在微电网主控制室内，就地控制层设备分别布置在相应的配电室内。

配电网调度层由于在微电网侧仅考虑数据的上送和命令的接收与执行，因此在集中控制层中配置远动设备即可实现数据的上传和命令的接收。吐鲁番智能微电网项目（图3-4）邀请多种投资主体介入微电网建设，组建专门的微电网建设运营公司，通过“自发自用、余量上网、不足部分电网调剂”的运行方式，促进太阳能发电就地消耗。微电网运营公司向区内用户供电，与大电网进行双向结算。引入市场化机制，给用户带来实质性的利益。

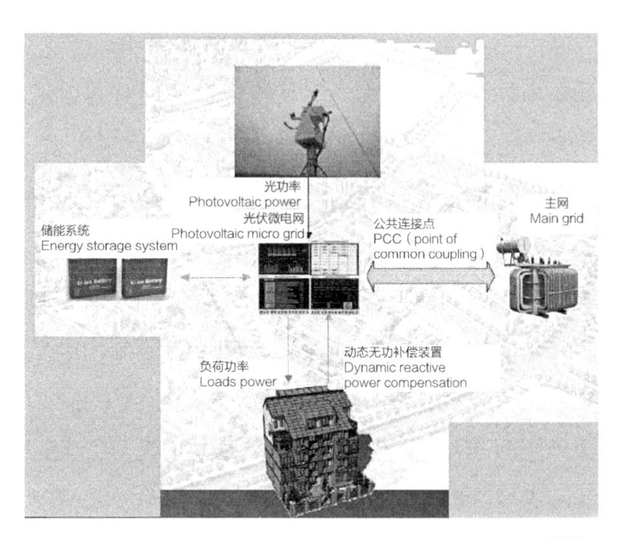

图3-4 吐鲁番智能微电网项目智能微电网架构图[104]

3.4 楼宇设备自控系统

楼宇设备自动化控制系统（Buildings Automation System，BAS）是具有建筑设备设施集中监视、操控和信息化管理作用的智能化系统[105]。BAS系统可以获取建筑主要大型设备和设施的工况、运行参数、运行趋势等数据和信息，设定评价模型进行系统调试调控、自动巡检及故障判断，提升运维效率。因此，BAS系统目前已普遍被建筑项目所采用，成为建筑自动化运行管理的基础，保障建筑运行质量和安全。

BAS系统主要由控制设备、智能传感器、智能执行器、边缘网关、集成平台等部分构成，采用现场总线结构和分布式结构。目前BAS系统产品多为国外品牌，如图3-5所示应用于酒店里的Honeywell品牌BAS系统。传统的BAS由组态软件和硬件组合而成，存在传感器精度偏低、缺少数据云存储和自动处理等功能、设备设施及子系统的集成程度低、软件应用和模型算法升级迭代投入较少、协议封闭及架构难以扩展等问题[106]，难以实现远程管理和集成规范管理。为了打破子系统相互独立、信息孤岛的问题，建筑智能化系统通过数据接口或者通信协议集成，通过数据交互实现多系统协同工作，保障智能化系统的高效、节能和安全运行。据《2021年建筑智能化系统应用现状调研白皮书》，建筑运维人员和集成商反馈的建筑智能化子系统集成程度有所不同但总体趋势较为一致，现阶段建筑项目中的智能化系统约30%实现集成，但智能化系统集成程度均不高，仅19%的建筑项目有BIM运维管理系统，集成的子系统多集中在火灾自控报警、视频安防监控、出入口控制[107]。

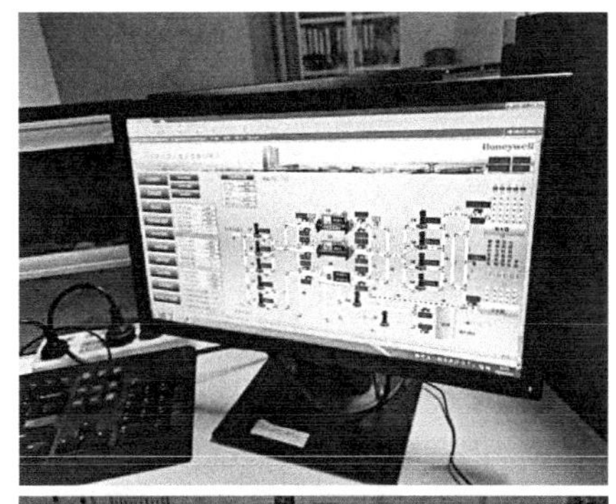

图3-5　应用于酒店建筑的BAS系统截图

随着信息通信技术的快速发展，BAS系统由原来的的通信控制技术、计算机技术吸纳了BIM、物联网、大数据、人工智能、云计算等新技术，能够覆盖监控更多的机电设备设施，记录暖通、照明、给水排水、安防等建筑运维数据，并实时自动分析，结合算法进行预判和故障预警，实现高效安全自动运维建筑。

3.5 智能遮阳系统

合理的建筑物遮阳设计能够降低建筑运维能耗，特别是空调系统的运行能耗减少15%~30%。建筑遮阳是为了避免阳光直射室内，防止建筑物的外围护结构被阳光过分加热，从而防止局部过热和眩光的产生，以及保护室内各种物品而采取的一种必要措施。但是静态结构遮阳难以适应动态的日照和温度变化，比如传统的玻璃材料夏季无法调节太阳光辐射，制冷能源成本较高；但LOW-E涂层和近红外反射玻璃在冬季又限制太阳光辐射射入室内，供暖能源成本高。智能遮阳系统能够借助智慧技术实时监测室内外光环境及温度波动，实现动态遮阳的效果，减少制冷供暖能源成本，降低照明成本，减少温室气体的排放[108]。

近年来智能遮阳系统产品越来越多，按不同设计原理实现动态遮阳。最常见的为智能电动百叶遮阳、智能电动变色遮阳、光流体电池遮阳等遮阳系统。

电动百叶遮阳是由遮阳百叶（帘）、电机及控制系统组成[109]，如图3-6所示。智能遮阳控制系统基于控制网络的技术，可实现下列功能：系统依据当地气象资料和日照分析结果，自动计算不同季节、日期、不同时段、不同朝向的太阳仰角和方位角。通过光感应器及热量感应器实时监控阳光入射角度、室内照度及热量分布，按照最佳遮阳效果来控制确定遮阳板的开启及翻转至合适角度。阴天，系统控制百叶水平打开；晴天，则按阳光自动跟踪模式执行，同时还根据大楼自身形体及周边建筑的情况建立遮挡模型，将参考每天的阴影变化计算出来，存储在电机控制器里，再按照结果自动运行[110]。

德国柏林的邮政大厦Post Tower Bonn，采用了基于LONWORKS 技术的智能百叶遮阳系统。该系统由500个电机共同控制，能达到以下目的：通过照度、风速、雨量、温度感应器实时监控计算室内外光线角度、热辐射、风速及雨量。依据算法提出按不同季节、不同时间段的目标指标值来控制百叶角度进行遮挡光线的控制。这样既保证室内在一天中都有充足的光线，又将过强的光线及辐射热挡在建筑外，降低了制冷供暖照明系统的能耗，此建筑也因此成为智能节能建筑的经典之作。

除此之外，光流体电池遮阳系统也是近年的智能遮阳新技术。其技术核心的光流体电池能够实现在透明和不透明之间按需切换，而且能耗较传统电变色玻璃、电动百叶窗更小。光流体电池内部是两片之间1mm的矿物油层。矿物油层注入的颜料越多，形成的图案面积就越大，其透光度就越小，颜料的注入流速决定矿物油层图案的形状（图3-7）。矿物油层注入颜料后可以抽回颜料，电池就会由不透明状态转为透明状态。在盛夏正午，光流体电池切换成不透明的状态，可以有效遮光及减少光辐射；太阳下山及冬日后，光流体电池切换回透明状态，可以增大透光和接受光辐射面积[111]。

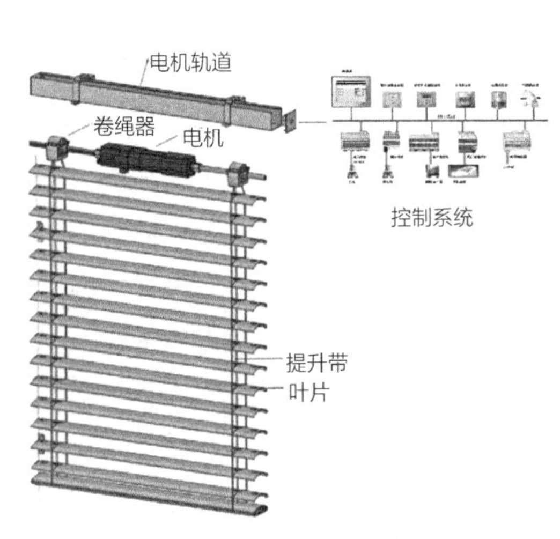

图3-6　电动百叶遮阳[110]

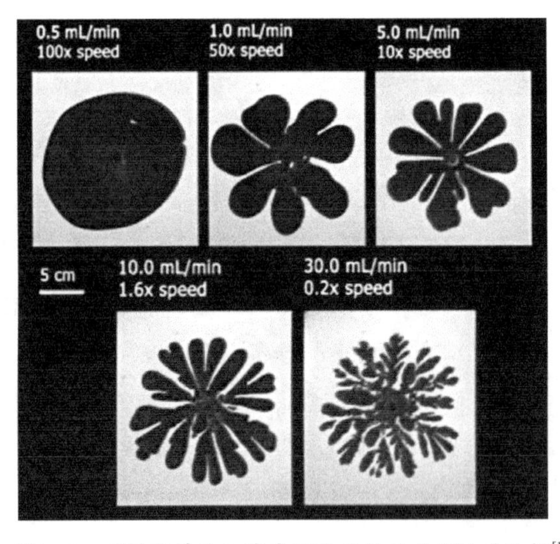

图3-7　不同颜料注入速度下的矿物油层形状的比较[112]

第4章　智慧室内环境监控

4.1 概况

随着我国经济和科技的快速发展，城市化建设趋势日益显著，人们待在室内的时间正在明显增多，每天80%～90%的时间都处于室内环境中[113]。创造健康、舒适、方便的生活环境是智慧建筑的重要使命。

传感器是楼宇自动化控制系统中的重要设备，在环境的监控中起到非常重要的作用。传感器直接与被测对象产生联系，其功能是感知被测对象参数的变化，并发出相应的信号。在选择传感器时，通常有三个要求：高精度、高稳定性、高灵敏度。在智慧建筑中常见的传感器按照监控数据的类型分为温度传感器、湿度传感器、压力传感器、流量传感器、液位传感器等。相比于有线传感器，无线传感器安装更容易、破坏更小。无线传感器可以在不干扰现有结构的情况下进行安装，而有线传感器在许多建筑特别是在老建筑的改良情况下是不允许的。世界市场分析师预测，到2023年无线传感器网络将覆盖大部分的智慧建筑系统。

无线传感器网络通信范围比较小，发射功率也比较低，并且能够连接到家居设备和各类电子产品中，从而实现设备资源的共享[114-116]。蓝牙技术、Wi-Fi 技术、ZigBee 技术等都是常用的无线传感器网络技术。图4-1为几种通信协议综合比较。

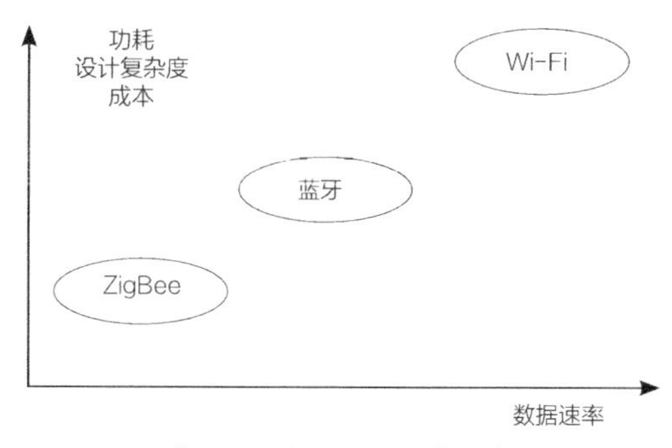

图4-1　通信协议综合比较

案例 Telos无线传感器网络节点[117]

要及时分别掌握并调控每个房间（有时需要每个房间的各个地方）的冷、热情况，比较容易解决的方法就是使用无线HVAc系统的无线传感器节点和控制单元，每个房间的控制器由所在房间的多个无线传感器节点控制，这就可以使环境一直处于比较理想的状态[117]。目前节点的类型比较多，这里选用Telos节点。

Telos是一个低耗电、可编程、无线传输的感测网络硬件平台。Telos平台所使用的微处理器为德州仪器（TI）的MSP430，该微处理器的最大优点为超低功耗，因此，Telos比一般其他的无线传感器网络节点更省电。

Telos使用IEEE 802.15.4作为无线传输的通信协议标准，兼容于ZigBee，室外最长的传输距离可达100m，而室内直线传输距离可达50m。Telos具有USB接口，可直接利用计算机的USB作为供电、烧录程序及收集数据之用途。除此之外，Telos还具有A/D转换器、D/A转换器、UART、SPI、IC等外围接口，提供强大的扩充性。Telos节点功能框图如图4–2所示。

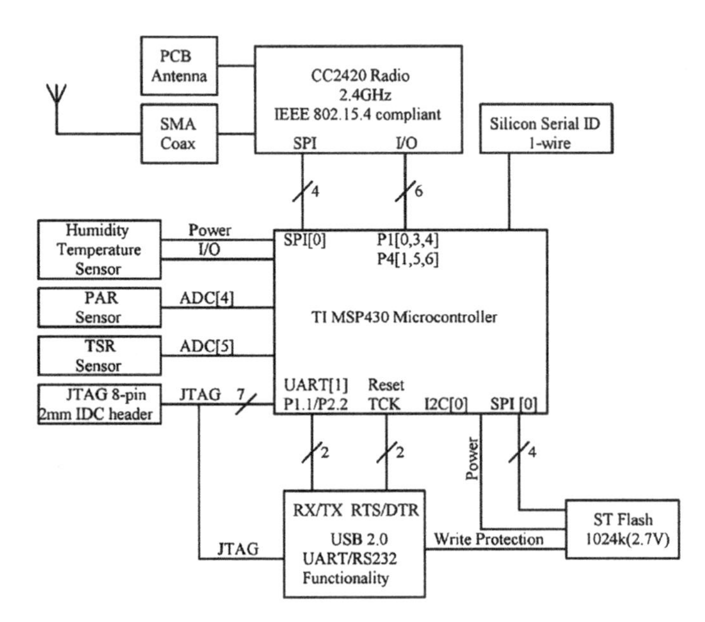

图4–2　Telos节点功能框图

智慧建筑的环境监控包括对室内舒适度监控、空气环境监控、水质监测、噪声检测等。

4.2 智能热舒适度控制系统

室内的热舒适性环境常用指标包括预计平均热感觉指数（Predicted Mean Vote，PMV）、湿球黑球温度（Wet-Bulb Globe Temperature，WBGT）、预计不满意率（Predicted Percentage of Dissatisfied，PPD）、有效温度（Effective Temperature，ET）、标准新有效温

度（Standardized Effective Temperature，SET）等，与室内温度、湿度、风速、人体新陈代谢率、着装服装热阻等因素有着复杂的非线性关系[118]。传统的温度控制系统主要为暖通空调系统、个人舒适系统、门窗系统等，需要人工调控，控制方式较单一，主要是对特定环境内一定时间的环境指标监测，实时性差，难以依据需求实现实时自动调节，容易引发空调病等人体健康问题[119]。而基于大数据与云计算、物联网技术等信息通信技术的热湿环境控制系统属于环境感知系统的一部分，其利用传感器、监控设备等硬件设备，对酒店房间的温度、湿度及室内空气质量等主要指标进行感知与控制，能够系统地根据室内热舒适度和客户体感喜好自动调控。

案例 LabVIEW系统

LabVIEW控制系统装置是可以实时监测室内热环境、光环境、空气环境3个方面的舒适度计算分析系统。该系统可以根据用户反馈和自行调节历史记录对传统热舒适度评价中的新陈代谢率和人体着装参数进行个性化调整，满足特定用户的舒适度需求[120]。其不仅可检测室内温度、湿度、有害气体等环境参数，而且该传感器尺寸小，属于易粘贴便携式传感器，方便用户自主部署检测点，并根据用户设定自动调节至用户所满意的条件。将数据显示于控制终端，方便用户随时随地了解状态及修改。图4-3为该系统结构图。

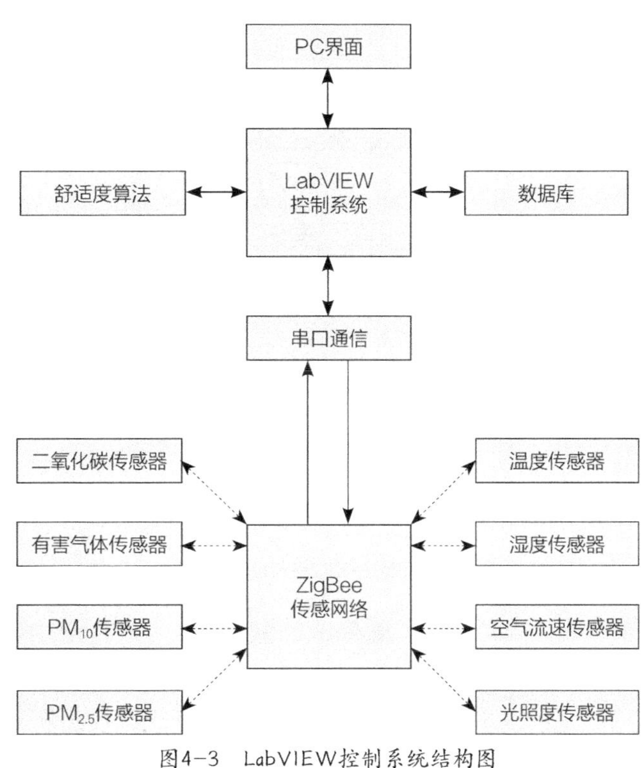

图4-3　LabVIEW控制系统结构图

环境感知系统采用物联网技术针对室内热湿环境进行预测、控制、仿真模拟，实现对空调、通风、室内外空气质量监控系统等设备联动控制，能够依据用户舒适度需求自动调节各相关设备指标，系统提升用户对热湿环境的满意度。

4.3
空气质量监控系统

室内空气质量是评判室内环境品质不可或缺的参数，可采用ZigBee无线传感器网络技术和基于ARM+Linux的嵌入式系统架构构建室内空气质量监测系统。该系统可对甲醛、一氧化碳、TVOC（总挥发性有机化合物）、$PM_{2.5}$的浓度及温湿度进行数据采集，通过数据融合计算、评估输出室内空气环境的质量等级。客户端（计算机或智能手机）可通过互联网和无线网络对数据进行远程访问[121]。图4-4为空气环境监控系统网络拓扑结构，图4-5为空气传感器在家用中央空调中的应用，图4-6为酒店停车场空气检测装置，可对一氧化碳浓度进行超标报警。

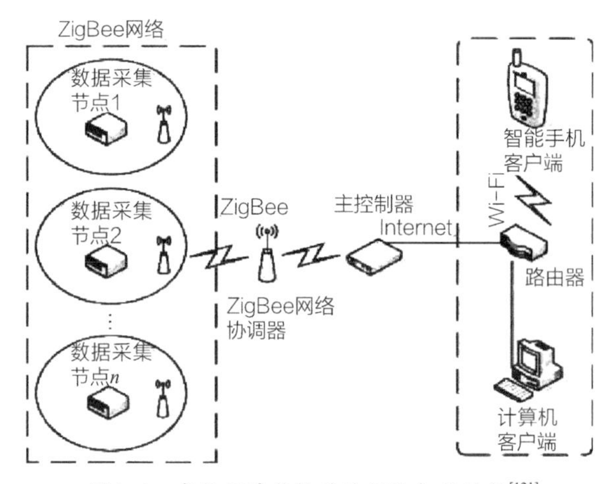

图4-4　空气环境监控系统网络拓扑结构[121]

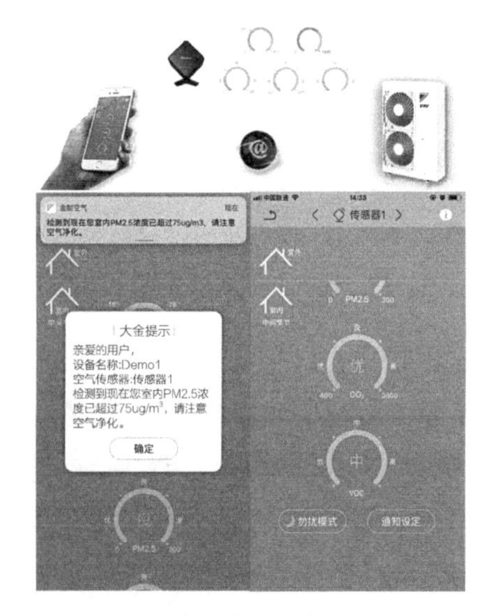

图4-5　空气传感器在家用中央空调中的应用

图4-6　酒店停车场空气检测装置

4.4 智能照明系统

智能照明系统运用环境传感器实时监测室内外光环境，利用数字通信技术，在智能算法的控制下实现控制器、传感器和控制策略的优化，弥补了传统照明控制系统电路负荷不平衡导致的额外耗能高、分区控制难以满足用户多样的舒适性需求。

智能控制器是基于传感器和智能算法，以单片机或者PC为核心的照明系统控制核心。常见的微控制器包括Arduino、STM32、树莓派等。其中以Arduino为代表的微控制器成本越来越低，对于智能照明的普及应用有着一定的促进作用。电磁电压控制器可以自动、平稳地调节电路电压、电流幅值，改善照明电路中负荷不平衡造成的额外功耗，提高功率因数，降低照明系统的工作温度，达到节能降耗的目的。

传感器能够帮助照明系统，通过感知室内外光照强度、人员存在、人员数量、人员位置、模拟环境视觉等手段，实现智能感知。常见的传感器有光敏传感器、热释电红外传感器、漫反射光电传感器、电磁波传感器、光纤传感器、监控摄像头等。通过智能传感器，能够实现人来自动开灯、人走自动关灯，根据人数多少及所处位置自动调节灯光照明强度和局部灯光启闭等功能，提升了人员满意度，有效减少能源消耗。

结合物联网技术，智能照明系统采用不同的算法实现更多的控制策略，比如神经网络算法[122]、加权轮询算法[123]、改进粒子群算法[124]、自适应算法[125]、聚类算法[126]等。由此可以实现现场控制、中央控制、互联网遥控、延时控制、定时控制、光感控制、红外控制、移动传感器控制、气象传感器控制等不同控制方式。借助BIM技术，智慧照明系统能够与楼宇设备自控系统集成统一监控管理。综合管理平台能够有效分区域管理照明，特别是建筑的公共照明区域，包括公共走廊、大厅、多功能厅、各个房间和室外景观的照明。另外，综合管理平台能够有效调动遮阳系统、窗帘系统等子系统与照明系统联动，减少无效照明，实现节能及用户舒适度的提高。

相对于传统照明系统，智能照明系统能够实现更多更细致的照明策略，适应不同需求的应用场景，比如“KTV模式”“闲谈模式”“烹饪模式”“学习模式”“运动模式”等，营造不同的生活氛围。智能照明系统以人为本，围绕用户的生活需求设计照明解决方案，更加符合人体健康及生活规律。

相对于传统照明系统，智能照明系统可以节约能源、降低成本、保护生态环境。当用户离家时，只需按一个按钮即可。即使不按一个按钮，也只需要带着授权的手机离开，远程进行控制。系统也会自动关闭用户可能忘记关闭的灯，并关闭所有需要关闭的电器，这将大大降低能耗和能源浪费。除此之外，智能照明系统还可以保证自然照明和电气照明的连接，达到最佳的照明效果，将节能效率保持在最佳水平。

4.5
噪声监控系统

目前应用比较多的噪声检测方法仍然为传统的手工监测方法，即在不同时段对监测区域进行多频次的监测。传统的噪声处理方法是隔音墙（图4–7）、隔音棉等处理方法。然而，由于噪声的随机性和瞬时性，用传统监测方法获取的噪声数据的实时性和代表性差，并且需要花费较多的人力和物力，还不利于进一步准确地进行噪声分析、预测和治理[127]。智慧建筑需建造主动式噪声监测系统。噪声监测系统是应用物联网技术，为噪声治理、环境改善和环保监管提供所需的噪声测试与评价，其主要服务功能有实时噪声数据监测、超标准实时报警、日常环境噪声监管、数据追忆[128-130]。

为保障居民舒适生活环境，打造和谐社区氛围，在小区内部、周边公园、工地等场所可以部署物联感知设备，对整个社区环境进行监管，如对噪声、环境等信息进行监测。

（1）数据采集方面。主要包含传感器采集噪声、$PM_{2.5}$、PM_{10}等环境数据，对现场扬尘和噪声情况进行实时监测和预警。

（2）传输网络方面。主要包括5.8G微波、4G无线、光纤专网、公网等。可采用红外球形摄像机进行布控，主要对环境数据采集情况进行视频取证，同时兼顾临时施工等小区内部或周围作业场景监控。

（3）综合管理应用。主要对临时工地、公共场所、内部及周围商铺等位置进行监测，采集扬尘、噪声、气象参数等环境监测数据，存储后进行统计分析。

图4–7 建筑隔音墙

4.6 办公会议管理系统

智慧建筑具备工位管理系统，可以灵活分配工位，灵活使用空间，且支持用户的预约服务；可查询办公区域内的房间信息、空间信息。在进入办公区域时，访客管理系统可识别进入人员身份，如VIP访客、黑名单，并对员工进行签到、签退。良好的办公保密措施与安全技术系统联动，以保证办公安全，防止机密文件泄漏。

智慧建筑会议管理系统，包括会议室管理、会议预约、会议日程、会议提醒等功能。会议的无障碍远程视频高清晰、低延迟且容量大。

办公人员通过企业平台进行会议室的预约，并在预约前输入相关参会人数及信息。会议开始时预定人员依据预约流程生成的二维码或其他信息准许进入会议室，同时会议室相关设备开启并达到预先设定值，为整个会议室提供舒适的环境。会议室内配备了相关语音识别系统和无线投屏等[131]。除此之外，智能会议系统可实现原笔迹签到功能、信息互联共享功能、共享白板功能、会议纪要功能以及投票表决、会议沟通等功能[132]。智能会议应用场景见图4-8。

图4-8　智能会议应用场景示意图

第5章　智慧节水技术

5.1
概况

智能建筑节水技术多样，包括智能节水管理平台、变频调控技术、智能水质在线监控技术等，能够高效节能调控水环境，有效实现水资源节约。

5.2
智能水表

随着智能水务的发展，传统水表结合了物联网等信息技术，发展成了规模化的计量网络和管理系统。基于低功耗窄带物联网（Narrow Band Internet of Things，NB-IoT）技术的智能电磁水表，通过窄带物联网通信方式将用户的用水信息传送到水务公司的后台，通过短距离的蓝牙设备或者红外方式来获取用户信息，能够随时与手机联系，采用多种方式实现抄表和缴费的功能，不受信号影响[133]。

同一频段的NB-IoT网络以窄带、重传和低频的传输特点，比现有网络提升了约100倍的覆盖能力。因此NB-IoT技术在智能水表数据传输的场景下，对于时延不敏感、非长链接的小包数据传输的应用情况展示出了低功耗、覆盖广、自动上传、低成本等特点[134]。

基于NB-IoT的智能水表管理系统，相较于传统水表，增加了NB通信方式、蓝牙抄读方式、红外抄读方式等方式，解决了传统的单一无线远传水表装置抄回水表数据不完整的问题，对于较为偏远的农村地区具有现实应用意义。常见的智能水表还有基于Lo-Ra物联网智能水表（图5-1）。

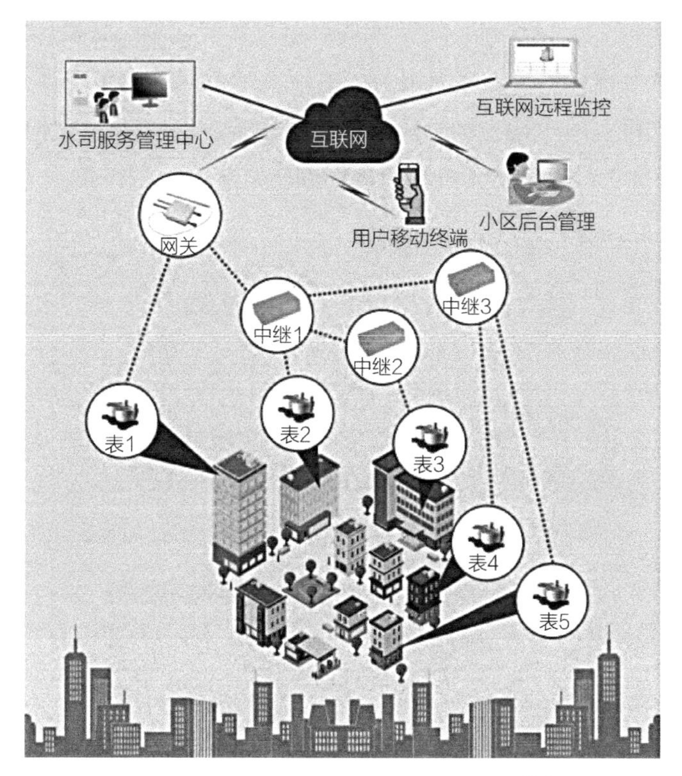

图5-1　Lo-Ra物联网智能水表结构图[119]

5.3 智能节水管理平台

结合物联网、云计算、大数据及三维可视化技术，能够有效整合终端智慧节水器具、智能水表、建筑官网三维模型，建成智慧用水管理平台、分区分级用水计量网络，实现用水数据精细化采集[135]。通过终端智慧节水器具的安装使用，提高用水效率和用户舒适度；通过大数据分析及云计算，掌握用水时间规律，实现官网漏损远程识别报警、用水异常识别及过程节水；通过建筑官网三维模型实现对用水情况的实时实景监控，及时预警定位官网破损地漏情况，快速查找维修，从源头有效节约水资源[136]。

珠江水利委员会（珠江委）节水机关办公区3栋大楼建设用水管理平台，采用了Web三维可视化技术、云计算、移动端访问等技术。该平台对建筑输水官网、主要建筑建立了三维可视化模型。该平台包括平台门户、监测数据、故障预警、统计分析、分区查询、水费结算等功能模块（图5-2），后台数据库采用云存储和边缘计算等技术，将用水数据进行备份存储和充分计算分析；构建用水实施监控数据库，开展用水监测数据实时分析，挖掘用水变化特征和用水规律，指导精细化的用水管理；通过微信小程序、APP等渠道均能够分权限访问该平台[137]。该平台经过实施运行取得良好成效，获得广东省三部委联合遴选的“水效领跑者”称号，建设成果显著，为广大公共机构的节水改造工作提供成功示范。以珠江委节水机关的建设为例，从用水终端改造、用水计量网络设计、用水数据分析、用水管理平台建设等介绍公共机构的节水技术应用与改造工作。

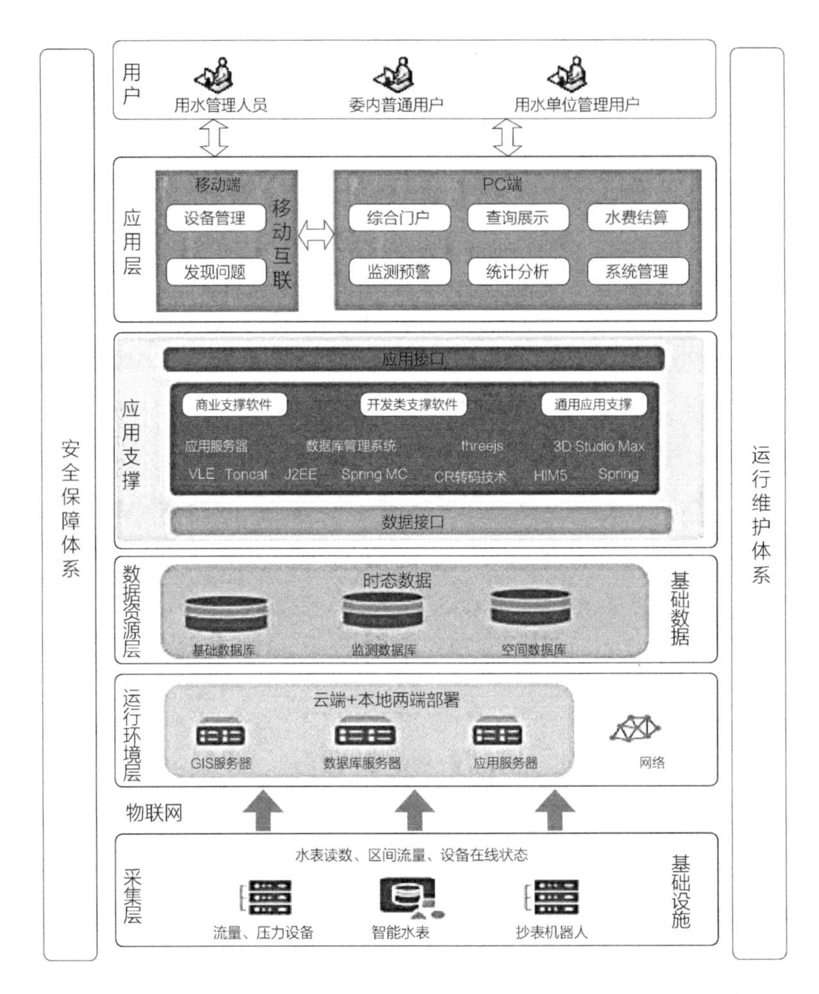

图5-2　珠江水利委员会节水机关办公区用水管理平台架构图[137]

5.4
水压变频调控技术

传统建筑的出水压力恒定，难以适用入住居民的用水情况波动，容易造成用水浪费。智慧建筑采用变频技术，能够根据入住居民的用水情况改变水泵水压进而调整供水量，并能监控水泵启停和故障，有效缓解给水排水系统的水资源浪费。卫生间淋浴器具采用自行式冷热水混合阀，其机械反馈温度调节功能可将出水温度控制在固定范围内，既可以有效减少浪费，又可避免高温烫伤。

5.5 智能水质在线监控技术

很多酒店项目会配套建设景观池、水族馆等用水较多的设施，充分利用非传统水源中水资源利用且借助智慧技术能够实现水质自动在线监测、自动调节等功能，有效提高水质控制效率，减少人工误差及工时。物联网等技术的发展为中水回用技术环节智慧化提供了条件。生物传感器、光学传感器和虚拟传感器能够对污水进行在线监测和实时控制水中的光照度、水温、溶解氧、pH值、氨氮含量、浊度等指标，通过算法自动分析水环境情况，做出调节照明、投药、取水、喂料等决策，实现水系统的监测控制自动化和智能化[138]。海南省三亚市很多酒店项目都在设计建设阶段充分考虑了海水资源的利用，比如三亚傲途格酒店充分利用了海水补充景观池用水（图5-3），自动检测景观池水质并通过系统自主判断是否需要补充海水；亚特兰蒂斯酒店水族馆项目——失落的空间引进海棠湾的海水，用于酒店海豚湾、鲨鱼池、白鲸馆、迷失的世界水族馆等海洋生物维生。海水自海面5m以下的深度抽取，经过砂滤缸砂滤后取出总悬浮固体，经过蛋白质分离器去除有机物，经过臭氧发生器进行氧化杀菌等工序处理，并能够自动调整照明、自动投料、自动投药调节水质等，极限90min可完成循环净化一次，最大程度地确保了观赏效果及水生物的健康。

图5-3　酒店海水回用景观池

第6章 智慧医疗健康管理

6.1 概论

智慧技术怎么打造健康环境呢？这个问题从近些年来传染疾病疫情流行之后被赋予更多的关注。2003年的SARS疫情中，香港淘大花园的通风天井成为了病毒传播的空间，小区先后出现300多例感染者，患者大部分集中在两栋住宅楼内。这引起了包括建筑设计等各个专业的警觉。据联合国环保署UNEP、非营利组织Center for Active Design以及BentallGreenOak公司联合开展的调查结果显示，87%的健康建筑行业从业者表示过去两年内对于建筑健康产品需求持续上升，92%受访者认为未来3年本行业需求会保持持续上升趋势[139]。随着材料科学、通信信息科学、医学科学等多学科的融汇、渗透、交叉、应用，大型数字医疗设备、穿戴式智能医疗监测设备、智能医疗平台等智慧医疗手段推动了健康建筑领域的变革。智慧建筑中涉及健康和医疗的应用越来越多（图6–1）。

借助物联网、传感技术、AI技术、智慧建筑能够为住户或者工作人员提供更加灵活健康的热环境舒适性和自然采光通风、为手术病房提供更加安全精确的医疗照明系统和安静洁净的通风及温度、为医疗工作者创造更加健康的室内工作环境，防止空气中的细菌和病毒传播；能够通过指定传感器根据首先设置控制不同房间的内部温湿度环境，比如患者房间或者手术室及储藏室等；借助RFID技术实现敏感区域的访问控制，为工作人员和访客提供安全的工作和就医环境；WBS系统中的EMIoT技术/应急物联网通过LED照明和传感器交互，为建筑提供安全应对方案；物联网技术能够设计跟踪药品、重要设备或者医药耗材的去向，更好管理药品资产；可穿戴检测设备搜集患者的健康指标数据，通过大数据云计算将异常值传送给医护工作者，及时为患者做出正确的治疗决策。

实施智慧技术以改善建筑环境质量带来的身体健康的益处超过实施技术本身的增量成本[141]。比如通过实施建筑高水平的通风能够有效减少因通风不良等建筑问题引起的哮喘和过敏相关疾病导致的缺勤。由于医疗费用降低，企业在办公场所实施智慧技术健康改善增量成本的每1美元回报为3.48美元，因员工缺勤减少的回报为5.82美元[142、143]，员工的认知能力提高了61%～101%[144]。

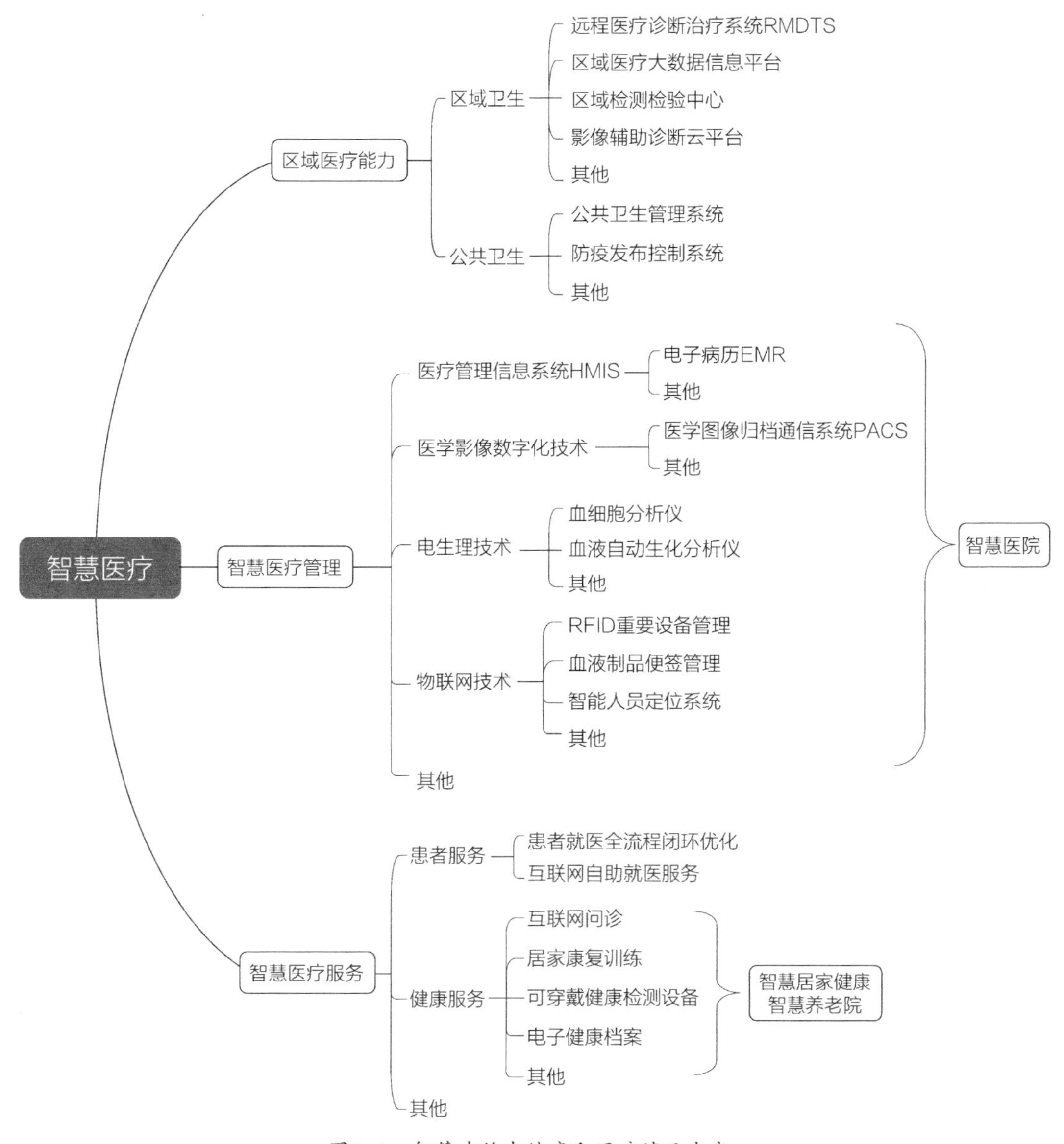

图6-1　智慧建筑中健康和医疗涉及内容

6.2 健康环境监控技术

借助智能传感器、基于算法的智能建筑软件、无线传感网络、云计算技术等可以构建起一个强大的数据驱动的健康建筑环境打造解决方案，可以帮助住户和管理人员实时了解建筑环境状况、人员的满意程度。

1. 空气质量

改善室内空气质量能够显著改善住户的认知能力，提高生产力水平，并降低健康风险。空气质量传感器，比如一氧化碳、二氧化氮、氮氧化物、臭氧、颗粒物和挥发性有机物（Volatile Organic Compounds，VOC）等指标传感器，能够实时监控室内气体浓度，并根据程序设定的最佳值允许建筑管理系统采取措施自动调控。比如室内CO_2浓度上升，并超过程序规定临界值，系统就触发房间内的新风系统，并根据程序设定决定是否发送消息给用户及管理人员。同样接触式传感器能够监控门窗何时关闭、何时开启门窗，从而监控和管理室内的通风情况，保证良好的室内空气质量。

2. 温度及湿度

当环境湿度过大，住户会出现病态建筑综合征（Sick Building Syndrome）的头痛、疲劳等综合征症状。温度传感器通过监测指定区域的温度变化，并通过控制HVAC系统，进行精确的温度控制。湿度传感器通过监测房间或者指定区域的相对湿度，提供数据给HVAC系统、加湿器或者除湿机等设施实现自动调控室内舒适的湿度水平。比如医院加护病房内可以通过温度传感器联动温度控制系统保持特定温度、湿度，为病人提供一个稳定的室内热环境。

3. 照明和自然采光情况

合适的光照水平能够营造良好的工作氛围，提高员工的工作效率。应急照明也非常重要，在建筑安全事故时为逃生者提供充足光线照亮路线和出口。Lux传感器联合房间占用传感器应用，能够有效提高照明效率且减少能源浪费。

6.3 智能健康检测

物联传感技术、移动物联网技术和智能终端在近年来发展非常迅速，大大推进了智能健康监测的应用。传统的医疗检测设备应用于医院医用房、重症监护中心、体检中心、社区医疗服务中心等，主要服务于以症状治疗为中心的医疗模式。

6.3.1 可穿戴式健康检测设备

以可穿戴式设备为代表的智能健康检测设备不光服务于专业医疗机构，还走入家庭，面向更多更特殊的行业和领域，转向以预防为主、医养结合的模式。可穿戴式设备通过布局在建筑内部的无线传感网络，将监测到的健康指标数据发送到通信终端或者云端，实现远程健康监控。

国外以Google Glasses、Fit bit、Galaxy Gear为代表的智能穿戴设备发展迅猛（图6–2），在2010年后越来越成为医疗领域及个人健康市场的新宠。在国内，智能手环、智能手表、智能血压仪、智能血氧仪等微型便携的、可穿戴的医疗设备，可以随时监测个人的血压、血糖、血氧饱和度、心率等基础健康信息以及提供更多的健康检测功能。

智能穿戴设备功能繁多，其主要的功能包含以下几类，为医疗保健模式变革提供了很大助力。

1. 随时随地便捷监控

可穿戴式设备最大的优势是能够在医院护理机构之外，比如家庭或者室外，对人体进行健康指标检测，其生命体征数据持续或者间断地传输到云端平台，对于异常数据能够提供预警及建议。在医疗或者个人保健的场景里，来自健康体征的所有数据都能够持续长时间的记录，存储在便携式设备如micro-SD存储卡里，能够为专业医疗护理人员提供医疗分析、临床诊断和预测的依据。比如，可穿戴式设备允许患者在家里睡眠时监控记录睡眠相关数据用来分析其呼吸暂停等睡眠问题；随时记录患者的运动相关数据，为物理治疗师诊断患者运动能力康复进展提供基础数据，但是该功能对于个人隐私安全问题也颇有争议。

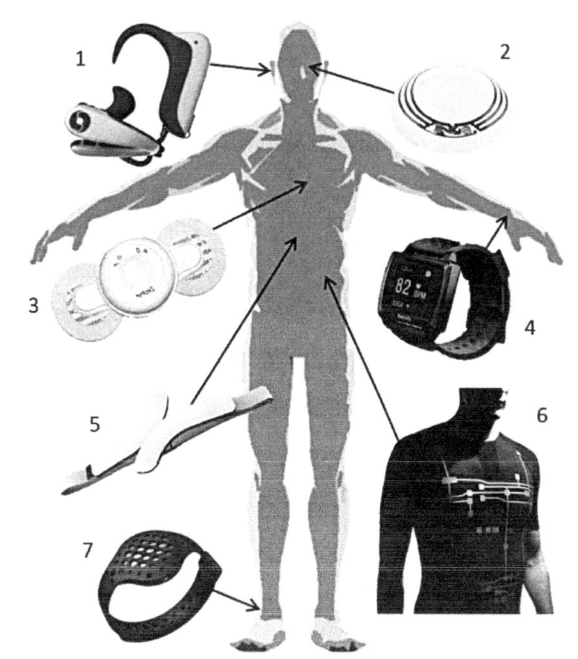

图6–2　部分智能可穿戴式健康设备示例[147]
（1.SensoTRACK ear sensor；2.Google Contact Lens；3.BioPatchTM；4.Smartwatch Basis PEAKTM；5.QardioCore；6.Vital Jacket t–shirt；6.Moov）

2. 穿戴便捷

相对于专业医疗设备的湿化合物和黏合特性引起的皮肤刺激性导致长时间附着的不舒适性，以心脏活动T恤MyWear、T恤SQUID为代表的智能纺织品开发了嵌入织物的新材料，降低其对皮肤的刺激性（图6–3）。心电图T恤包含导电纤维的金属纱线、碳涂层线的导电纱线，相对于黏性铁片，会由于身体活动出现异常值，这也导致其目前仅在个人健身护理中应用较多，未能在医疗领域应用[145]。

3. 快捷访问患者电子健康档案及数据库

以Google Glass为代表的可穿戴设备拥有庞大的患者健康信息，包含HER、药品数据

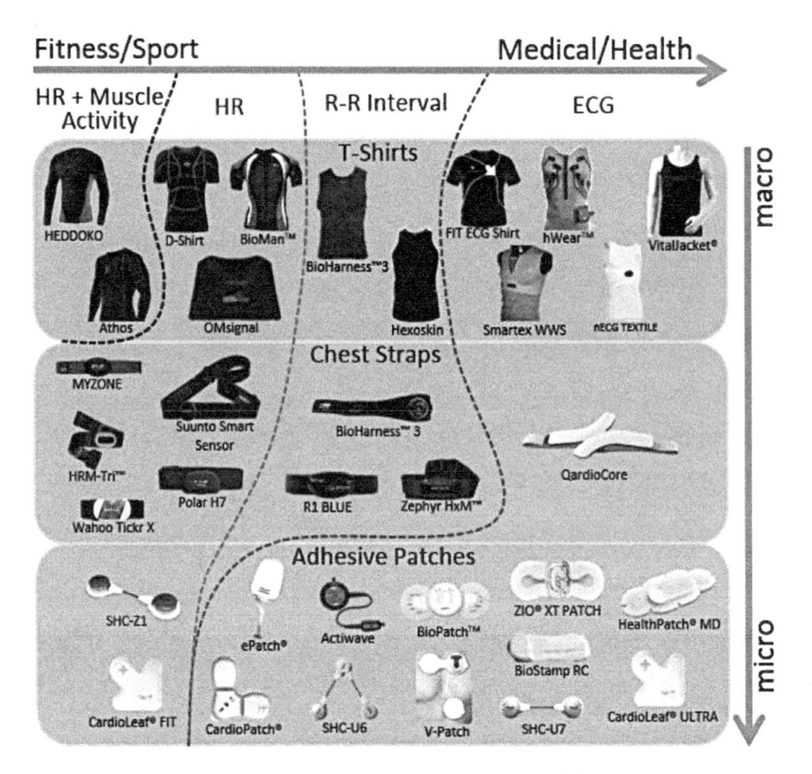

图6-3　心脏活动检测穿戴设备分类[147]

库等。急诊时，Google Glass能够实时访问患者的电子病历，将患者的健康检测数据，如心率、血氧浓度、血压、皮肤出汗、运动评估、睡眠监测、心脏植入装置和环境参数等，以及患者的以往就医记录和用药禁忌等关键信息，在医生眼前显示。这些数据信息对于任何医疗保健专业人员都非常有用。除了这些信息，智能穿戴设备还提供了海量的数据库信息，为医护专业人员提供更多的参考。比如开具处方时，Google Glass会自动扫描处方药，将该患者与使用过该药物的患者使用记录进行对比，并显示可能的推荐剂量。

6.3.2　其他物联网健康检测设备

物联网关键技术包含传感器网络（传感器和物联网终端）、RFID标签和读写器、条码、二维码便签和识读器、互联网等。借助物联网技术，各个智能健康检测仪，比如一体机检测仪、无创血糖检测仪、心电仪等健康检测设备，能够将健康指标数据上传至区域数据中心进行云存储计算，也能够链接手机、电脑等智能终端，实时更新人体健康指标信息，帮助人们更好地进行健康管理。

6.4 智能追踪及定位

物联网技术能够将医院繁多的信息资源互联运用起来，实现医患信息共享，促进各系统中的数据信息公开化和透明化。物联网技术在医疗护理领域的应用有很多，以RFID技术为例，其常见的应用如下所述：

1. 人员身份认定

通过RFID技术，系统就能够通过扫描员工卡及就诊卡等确认持卡人的姓名、年龄、性别、所属部门或者既往病史。急救伤者处理时，扫描就诊卡就能对伤者身份进行确认并快速入院注册登记，完成入院登记和病例获取工作。目前国内大部分信息化水平较高的医院都采用了该技术，提高了就诊效率。

2. 医药制剂标识及追踪

使用RFID传感技术，可以标识以血液为代表的医药制剂，有效解决血液在管理过程中的易混淆易污染等问题。每一袋血液都能借助RFID技术进行标记，有效提高出入库识别和管理效率。该技术的非接触识别特性能够有效减少血液污染的风险[146]。

3. 大型医疗设备定位追踪

RFID技术的使用能够对部分昂贵的医疗设备或者具有危险性的医疗器材进行实时定位追踪，在无线网络覆盖的范围内，能够实现有效追回和管理，这样就能解决医院或者护理机构的医疗设备丢失等问题。

4. 人员定位追踪

借助RFID技术和通信终端如手机、手环等，无线定位系统能够实现医疗内部医护人员和患者定位，养老院或者居家养老失智老人的行为轨迹追踪等功能。

5. 远程健康管理

结合RFID技术和可穿戴设备，能够有效针对住家的老年人、婴儿、慢性病人群、个人保健需求人群提供实时的多项健康指标检测，并通过无线传感器网络，传送给通信终端。比如居家养老的老年人，穿戴手环检测心率、血压、血糖等指标，通过无线传感网络传输数据至医生处，医护专业人员能够及时监控老年人身体状况，并给出专业意见。基于物联网技术的远程健康监控产品有很多，有婴儿监控器、老年人生命体征监护系统、术后患者家庭康复监控系统等。

6.5 医疗健康云平台

随着云计算技术的发展，从医疗健康护理海量数据中识别可能疾病之间的潜在联系[147]，结合个性化环境与生活习惯的分析[148]，实现对疾病的精准预防、诊疗和预测，使得精准医疗成为可能，这也是医疗保健的未来发展趋势[149]。基于电子病历、电子健康档案以及云平台的海量医疗数据，医疗健康云平台在云计算大数据技术快速发展背景下应运而生，为人们足不出户，无需到医院也能够实现有针对性的精准医疗诊断提供了技术支撑。我国医疗健康云计算技术经历了几个阶段：单机单用户系统应用阶段、医院管理信息化（Hospital Information Service，HIS）部门级系统应用阶段、医院临床信息化（Clinical Information Service，CIS），院级数据集成系统应用阶段和区域临床信息化（Globe Medical Information Service，GMIS）/区域医联体探索阶段[150]。

近些年，国家也大力推进医疗健康信息化建设，特别是医疗机构乃至区域医疗信息云平台的建设。2020年，国务院办公厅公布《关于促进和规范健康医疗大数据应用发展的指导意见》，将“实施健康中国云服务计划”列入重点任务。同年，国家工信部和国家卫健委发布《关于进一步加强远程医疗网络能力建设的通知》，要求充分利用大数据、云计算、人工智能等新一代信息技术，构建医疗云服务体系，推动各级医疗卫生机构间数据共享。2020年7月，国家卫健委与国家中医药管理局联合印发的《医疗联合体管理办法（试行）》，提出加快推进医联体建设。2021年12月国家互联网信息办公室发布《“十四五”国家信息化规划》要求加快建设医疗专属云，推动各级医疗卫生机构信息系统数据共享互认和业务协同，建设权威统一、互通共享的各级全民健康信息平台。

区域医疗云平台能够提供全民全程的电子健康档案信息共享，实现电子病历系统信息共享；提供一体化的社区卫生服务，实现区域内的医疗机构电子双向转诊；提供慢性非传染疾病的跟踪治疗，实现区域内的检验、影像检查及图像报告委托、传递和共享；提供区域内妇幼保健跟踪服务，实现区域内的医疗机构卫生健康业务数据共享和辅助决策等功能[151]。

目前80%以上的医疗机构购买或自主研发的医疗信息系统、医疗健康云平台开展医疗信息大数据云计算分析[156]。据中国医院协会医院信息专业委员会开展的《中国医院信息化状况调查（2019—2020年度）》，有59.29%的参与调查的医院参与了区域卫生信息共享（包含加入医联体）。

6.6 防疫测温通行和健康码验证

在后疫情时代，小区内部的管理按疫情防控常态化措施要求，普及疫情的系统设计和业务设计模式。在需要进行疫情防控和出现重大卫生安全事故时，能建立快速反应、有效管控的防控机制，从技术上将疫情控制在可控范围内，保障小区居民生命安全。

高精度热成像测温+健康码识别的系统设计实现人员测温、信息采集和健康码识别一体化功能，全面提升疫情防控工作的科技水平，提高检测效率，降低交叉感染风险。出于长远应急考虑，有必要对小区进出信息进行联网在线监测，以避免出现检测遗漏。通过联网在线监测方式可以在较大程度上缓解管理人员工作强度和人数有限的压力。

6.7 智慧健身房

智慧建筑拥有智慧健身房，为用户提供健身娱乐的场所。智慧健身行业是我国在移动互联网、云计算、大数据、物联网等现代信息技术手段迅猛发展的新时代提出的战略布局，旨在运用现代信息技术提升大众健身行业的管理水平与服务质量，更好地满足民众对健身行业日益增长的需求。同时，智慧健身区别于传统健身的一个最大特点是形成了智能化的信息管理系统，在系统中的所有行为轨迹都通过软硬件设备以数据形式传输到管理系统，智能化的管理系统能更高效地进行全局管理。

案例 智慧健身SaaS管理系统[152]（图6-4）

传统健身房面临的主要问题在于前期投入大、短期难回本、难管理、竞争激烈等。传统健身房一般采用年卡制，导致门槛高，还要承担关店卷款的风险[153]。智慧健身房可以通过APP直接进行充值、预约、数据记录、交流讨论等，极大提高用户的体验感。如图6-5所示为Sun Pig健身房的运营体系[152]。

智慧健身房是在物联网技术与共享经济迅速发展的大背景下发展起来的新兴事物，是传统健身房进行智慧化升级的产物。其理念包含教练脱媒、场地共享、物联网应用、管理无人化、1公里健身圈、24h营业，旨在为健身用户提供更具科技感、时尚感、个性化的健身服务。

智慧健身平台是利用互联网信息传导的高效性，在区域内打造体育信息分享的生态圈，为居民提供体育新闻、场馆预订、培训指导、赛事资讯、运动商城等服务，比如嘉兴智慧体育服务平台“运动嘉”、无锡智慧体育综合服务平台“畅动体育”“赣州智慧体育”、上海久事智慧体育云服务平台。

智能家庭健身面对的是家庭用户，依托于物联网技术、智能设备制造技术、人机交互技术的发展，以服务于用户居家健身为目标所形成的设备、课程等产品的生态圈。该系统主要通过构建一个居家健身的场景，足不出户享受智能化的健身服务。目前市面产品众多，包括海信“智慧屏”、华为“智慧屏”、咕咚智能手表F3、小米Move It Beat智能运动哑铃、NEXGIM AI功率健身车、FITURE Power力量训练设备、莫比运动赛艇划船机、华为“智慧屏”与北京体育大学合作研发的AI健身视频课程。

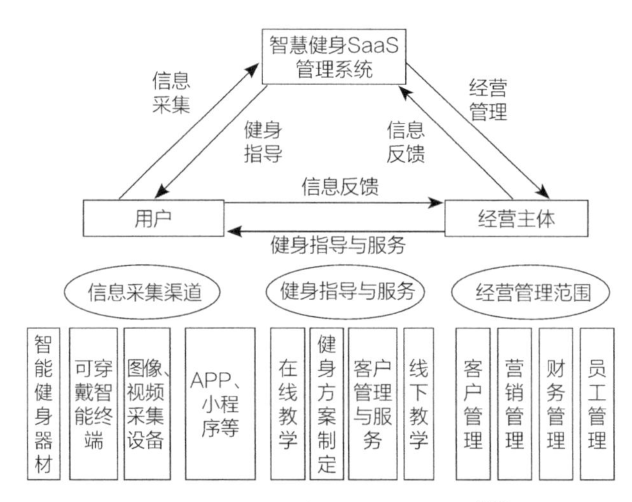

图6-4 智慧健身SaaS管理系统图[152]

图6-5 Sun Pig健身房的运营体系[152]

第7章　智慧安全与消防

7.1 概况

随着城市化进程不断发展，居住面积、人口不断增大，如何保障居住安全成了一个重要问题，为了更好地服务群众，保障群众居住安全，智慧安防与警报技术应运而生。它能利用信息化手段对人、车、房屋门禁等信息采集和分析，实现信息数据的整合利用及合理预警[154]。根据中商产业研究院发布的《2018—2023年中国智能家居行业市场现状及投资前景研究报告》显示，2017年中国门禁系统市场规模近170亿元，预计2019年中国门禁系统市场规模将达250亿元；2012—2016年，国内视频监控行业增长率均保持在15%以上，预计2019年市场规模将达2790亿元[155]。

未来，物业管理行业的数字化进程将持续推进。从政策上看，《关于推动物业服务企业加快发展线上线下生活服务的意见》已经为行业的数字化转型给出了明确方向，即构建智慧物业管理服务平台、全域全量采集数据、物业管理智能化等。基于此，平台化、数据化、智能化也将成为智慧安防的重要内容。

安全是物业管理工作中最重要的一项工作。通过社区内的视频监控、微卡口、人脸门禁和各类物联感知设备，实现社区数据、事件的全面感知，并充分运用大数据、人工智能、物联网等新技术，建设以大数据智能应用为核心的“智能安防系统”，形成公安、综治、街道、物业多方联合的立体化社区防控体系，提升社区防控智能化水平和居民居住安全指数，是未来发展趋势[156]。

7.2 智慧门禁

智慧门禁系统由人员身份识别卡、感应读卡器或采取人脸识别验证设备、人员通道闸机、控制器、出入口管理软件及系统工作站等组成。实现访客从进门远程授权视频刷脸、门禁系统，实时监控与事件监控图片、视频上传存储，数据统计分析，公安终端预警，异常数据推送研判，信息汇总。

7.2.1 高清视频监控系统

高清视频监控系统是智慧门禁系统的重要组成部分。建筑的公共区域需要架设高清视频监控，采用一体机、球机等设备进行全方位的全景监控，做到监控无死角。鹰眼摄像是其中一种高清拼接摄像系统，运用一体化成像的理念，可以达到全景效果，通过调节可以呈现出特写图像。该系统的优势是，在面积不超过400m^{2}的范围内，能够捕捉到全景图像，并不含盲点，全景和特写双轨并行，具有无死角监控功能，可以根据图像特点和现实需求完成拼接摄像和追踪信息的工作。应用鹰眼摄像的系统画面呈现超写真的状态，摆脱了使用鱼眼系统画面畸变的困扰，使人像和物品成像更具真实性。

7.2.2 人脸识别算法

采用人脸识别算法对人员和车辆进行分析管控，对出入的人员、车辆进行人脸、车牌的图片抓拍记录和识别能够极大程度上缩短比对的时间，利用动态监控的方式，将识别速度精确到毫秒，为安全处理提供更多的时间。在尚未使用人脸识别系统以前，安保人员和警员在核查人员信息的过程中，只能够通过面对面对比的方式，人为分析及确认，速度慢且难以应付大量流动的人群。而将人脸识别系统应用到机场、会展中心等公共场所内，能够提升安全问题的处理时间，更精准地确定人员信息，省去大量的人力工作，同时兼顾精准化的要求。一方面，可以提前对重点防范人员、住区人员、工作人员等进行人脸黑白名单的布控，设备内置基于AI深度学习的人脸识别算法，当黑名单中人员出现时，设备可自动识别出来，并发出实时预警。另一方面，可根据其出现的频次和时长进行分析，对于行动异常的人员也可进行甄别与报警。

7.2.3 防火门管理系统

在日常情况下，防火门处于关闭状态，可以保护区域内的财产安全。当火灾发生时，可以在人员慌张混乱的情况下，通过报警和语音提示，有效引导人员快速疏散逃生；通过实时监测防火门的开关情况，实现各个防火分区的安全预警。当发生报警的情况时，能够快速响应，最大限度地保证智慧建筑内人员及财产安全。

7.2.4 智能停车管理系统

停车管理系统是主要依靠RFID射频信号技术、移动终端技术、GPS定位技术、互联网技术等先进的技术手段配置管理停车资源的系统，通常能够实现车位预定、停车计费等功能，部分停车场能够实现反向寻车、停车场的可视化呈现、有害气体监测报警等功能[157]。

智能停车识别依靠RFID技术对出入的车辆进行车牌抓拍，并上传车辆信息，通过平台综合分析，合力安排车位及收费，大大提高车辆管理效率[158]。通过车牌识别分析出进出的内部车辆、外来车辆、黑名单车辆等信息并进行记录，确保车辆的进出有据可查，进出可控。基于车牌识别的停车位管理能避免造成拥堵，借助车牌识别和车辆抓拍的设备进行出入车辆的管控，打造智能停车场，维持秩序。周界防范可以使用安防设备的 AI 警戒功能，相比于传统红外对射或电子围栏，具备AI警戒功能的监控设备可解决误报与报警不及时的问题，实现事前预警、事中干预、事后检索的全流程警戒管理[159]。

国外停车技术发展较早，德国各大中型停车场已不同程度应用智慧停车诱导系统，美国研究和应用了包括智慧停车信息系统、车辆信息管理系统、车辆安全管控系统等系统[160]。例如，贝尔信株洲神农城智慧停车场，在入口设立各区剩余车位显示屏，告知车主剩余车位的情况；停车位可以提前预约，车主在终端预定车位，车位系统软件将车位信息反馈给车主，并将预定车位锁死。该系统能够提高停车场运作效率，减少车主停车的麻烦，避免停车场内外的拥堵，使停车更加方便有序[161]。

另外，对停车场内有害气体进行监测也非常重要。尤其是地下停车场空间封闭，汽车排放的汽车尾气使停车场的空气质量下降，一氧化碳、氮氧化合物和碳氢化合物等有毒有害气体浓度增高，对司机、工作人员的健康产生威胁。有害气体监测系统能够监测有害气体的浓度，当气体浓度超过所设范围时，系统将自动报警，并联动排风、送风系统，加大空气的交换量，避免停车场内人员受到影响。王慧在智慧停车管理模式研究中提出，在设计城市标准化智慧停车平台时，还应将电子收费、无感支付、联动催缴等功能模块纳入智慧平台系统中，充分发挥一体化服务和运营模式的优势[162]。

案例　安全监测综合平台

百度推出一站式视频监控系统配置平台EasyMonitor，安全监测方案中涉及电子围栏监测（图7-1），当重点监控区域有人员闯入时基于人脸识别技术自动识别，并进一步确认闯入人员的身份信息，若人员不在白名单内，则进行报警；在施工现

图7-1　电子围栏闯入监测[163]

场设置安全帽佩戴监测，可监测出未佩戴安全帽的施工人员；陌生人监测布控可对发现的陌生人进行警告提醒以保障环境安全；同时有烟火检测（图7-2）、人流过密预警、楼宇攀高监测、车辆违停监测（图7-3）分析（基于电子围栏实时监控），针对疫情防控也设置了口罩识别检测功能。

图7-2 烟火监测[163]

图7-3 车辆违停监测[163]

7.3 智慧消防

智慧消防系统前端设备主要分为智能火灾报警、智能消防用水检测、消防设备管理、智能巡检、视频AI五大部分。前端设备通过物联网传输至智慧消防大数据云平台，通过中心的云服务进行集中存储和统计分析，从而实现应用层中心平台、手机APP的各种功能。

7.3.1 智慧消防综合管理平台

智慧消防综合管理平台可以使智慧养老建筑运维管理全过程无纸化。消防巡检人员通过手机APP，采集消防巡检信号，用文字、图片或视频记录危险源、故障、火警信息，并上报处理情况。智慧养老建筑负责人和相关工作人员可以在APP上查看消防报警信息处理人、现场情况描述、处理时间、处理结果等。对消防设施进行管理，实现消防巡查规范化、标准化管理，起到有效的监督作用，提高消防安全运维能力。图7-4为某智慧消防架构图[164]。

7.3.2 智慧设备电源监控系统

消防设备电源监控系统由消防设备电源状态监控器、电源总线、电流信号传感器、电压信号传感器等设备组成，通过传感器对消防设备的主电源和备用电源进行实时监测，从而判断电源设备是否有过压、欠压、过流、断路、短路以及缺相等故障。当故障发生时能

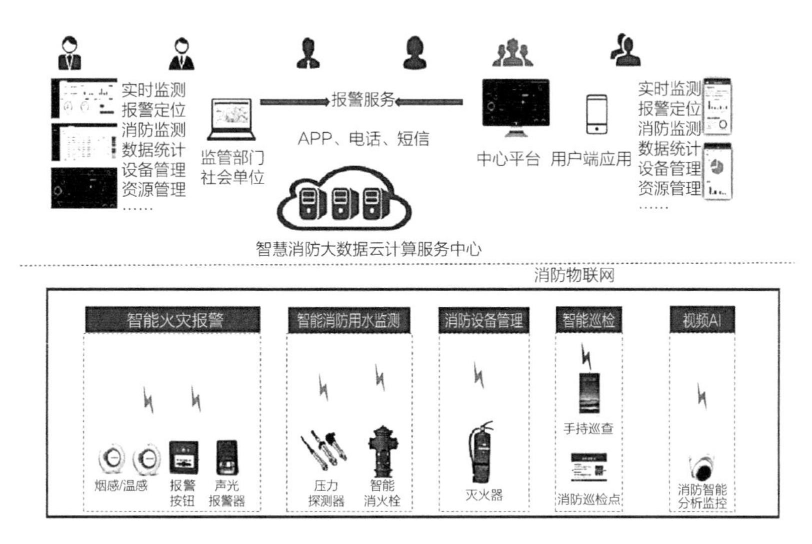

图7-4　某智慧消防架构图[164]

够快速在监控器上显示并记录故障的部位、类型和时间，并发出声光报警信号，从而有效保证火灾发生时消防联动系统的可靠性；当设备发生报警后，系统图上会出现相应标识，确认发生报警或者故障的设备，并通过手机APP自动发送信息通知相关责任人。

7.3.3　智能预警防护系统

智慧警报系统的前端设备可为各种类别的报警传感器或探测器；系统的终端为显示、控制、通信设备，可采用独立的报警控制器，也可采用报警中心控制台控制。不论采用什么方式控制，均必须对设防区域的非法入侵进行实时、可靠和正确无误的复核和报警。系统应设置紧急报警按钮并留有与110报警中心联网的接频监控报警系统，常规应用于建筑物内的主要公共场所和重要部位的实时监控、录像和报警时的图像复核。同时对烟雾监测、攀高监测、车辆违停等也有涉及。

7.3.4　无线智慧消防报警系统

无线智慧消防报警系统在中小场所应用的优势为能有效降低火灾发生率、提升监管水平，建立智慧消防航天追踪联网监管平台，形成一个信息互联互通的社会多方联动网络，能够有效推动中小场所消防管理的变革，实现消防监管工作无盲区，性价比高（该系统应用效果好，综合价格远远低于有线消防产品。具有功能齐全、安装调试方便、运行可靠、技术先进、经济合理、易于操作等优点）[165]。

7.3.5　无线烟感技术

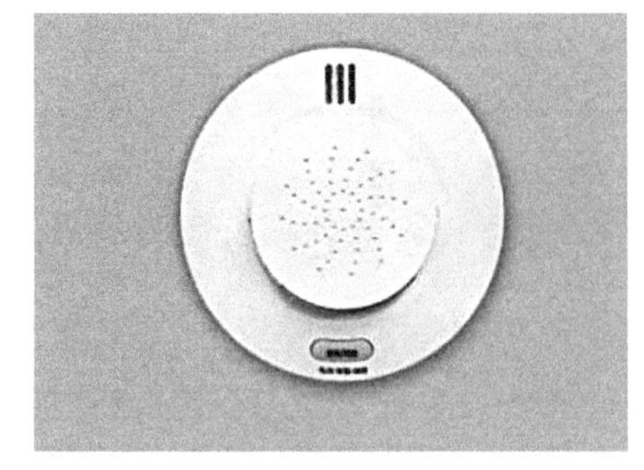

图7-5　无线烟感探测器（瀚润科技）[166]

无线烟感技术的要点在于：一是火灾报警探测；二是将报警信号传输至系统主机。探测类型主要是光电类型，当出现火灾后，燃烧期间产生的烟雾受到空气对流的影响，被传送到探测器中，探测器根据烟雾粒子在烟室内折射率的变化来确定报警信号。目前，无线烟感报警信号传输方式在市场上主要采用LoRa模组和NB-IoT模组[166]。图7-5为无线烟感探测器，无需布线，无需网关。

7.4 高空抛物感知

随着中国城市化进程加快，高层建筑越来越多，随之带来的高空抛物现象也十分严重，寄希望于居民提高素质完全杜绝这种行为在目前是不现实的，必须借助科技手段加以管控。例如，在小区安装摄像头实时监控，不仅能有效控制随意抛物现象的发生，也能在抛物事件发生后，为有关部门事后取证并追究相关人员法律责任提供有力证据。

前端设备可选用不同的高清枪机，分别覆盖不同楼层，摄像机通过局域网接入汇聚交换机，汇聚交换机通过光纤接入核心交换机（或二层交换机），最后接入智慧社区终端管理平台进行管理。根据不同场景要求，摄像机可以选择不同焦距，定焦枪机覆盖低楼层，变焦枪机覆盖中高楼层，同时仰角安装，仅能覆盖建筑物立面，无法照到居民家中，不仅能够对高空抛物起到很好的监视作用，也不会拍到住户隐私。

7.5 玻璃破碎报警技术

玻璃破碎传感器的主要作用是防止有人非法破窗入室犯罪，采用了振动原理对玻璃情况进行检测，当传感器感应到玻璃破碎的振动时，就会输出响应的电信号来提醒用户有人破窗而入[167]。

第8章　智慧建造及建材

8.1
概况

智慧建造近年发展迅速（图8-1），且各学者对智慧建造的内涵有不同理解，目前还未形成一个统一定义。《智慧建筑评价标准》T/CREA 002—2020提出：智能建造是利用云计算、大数据、物联网、人工智能、移动通信等技术，提高建造过程的智能化水平，减少对人的依赖，达到安全、适用、耐久等建造目标的新型建造方式。BIM、地理信息系统（Geography Information System，GIS）、物联网技术、云计算、大数据、互联网和人工智能是智能建造领域的核心技术。丁烈云院士、肖绪文院士、卢春房院士对智能建造给出了定义：智能建造是新一代通信技术与先进设计施工技术深度融合，并贯彻于勘察、设计、施工、运维等工程活动各个环节，具有自感知、自学习、自决策、自适应等功能的新型建造方式[168]。日本小松机械提出Smart Construction即智能化施工，通过采集信息、自动分析数据，然后再通过算法有针对性地制订工程方案，以辅助甚至无人控制时的工程机械[169]；英国基础设施和项目管理局认为智慧建造是一种新的现代建造方法，提供从传统建筑业到制造业的转变思路，并支持工厂化生产和装配化建造；清华大学马智亮（2018年）认为智慧建造的目的是提高建造过程的智能化水平、减少对人的依赖、实现安全建造，并实现性价比更高、质量更优的建筑，手段是充分利用智能技术和相关技术，表现形式是充分利用智能化系统[170]；北京工业大学刘占省认为智慧建造是实现建设过程数字化、自动化向集成化、智慧化的变革，进而实现优质、高效、低碳、安全的工程建造模式和管理模式。但智慧建造并不是一成不变的，随着新的技术信息涌现，智慧建造的内涵在不断被丰富[171]。综上

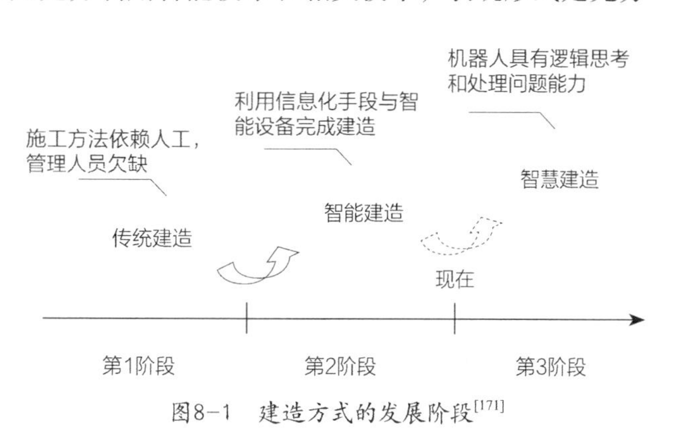

图8-1　建造方式的发展阶段[171]

所述，智慧建造是利用数字化、智能化的建造过程，减少对人的依赖，实现高安全性、高效率、机械自控制的建造方式。

8.2 BIM智慧建模技术

BIM智慧建筑建模技术是用信息化方式及三维设计平台对建设工程项目的施工建设情况进行有效的设计、模拟，以此构建施工项目信息化生态圈的建筑工程施工技术。依托物联网、互联网等多种技术，充分挖掘建设数据信息，实现项目可视化、智能化、信息化，达到对项目工程施工状况全程把控、有效规避各种风险、提高施工效率、合理利用及节约资源的目的，并且实现施工建设生态化、绿色化、环保化[172]。

BIM不仅涵盖了信息功能中绝大多数几何模型与构件的性能，而且将建筑工程全生命周期的相关信息收录到信息模型中。BIM技术在投资决策阶段、项目设计阶段、招标投标阶段、施工阶段及竣工验收阶段均有很好的运用。投资决策阶段利用 BIM 技术的数据库和数据模型，可精确估算投资造价，并且可以准确快捷地计算出不同投资方案下的工程造价；在项目设计阶段准确、快速地获取项目设计所需要的相关基础数据信息，避免工程施工中出现返工现象，BIM的三维立体可视化功能也为信息读取提供了诸多便利；在招标投标阶段若利用传统工程图纸进行工程量计算，费时费力，还容易出现由于计算规则不同导致的差异。BIM 模型为招标投标双方提供标准的工程量数据，高效便捷，避免了双方在工程量计算上的纠纷。在施工阶段，BIM模型在控制施工成本方面优势明显，可严格控制物料使用，丰富的建筑信息和可视化界面也避免了施工阶段返工的问题。传统的竣工验收阶段需要以竣工图为基础，对出现的工程变更进行详细的审核，利用BIM技术，只需对建筑模型进行深化即可计算出准确的工程量，提高了效率，避免了分歧[173]。

8.2.1　BIM+AI集成技术

BIM+AI是BIM技术结合人工智能技术利用人工智能深度学习挖掘方法对建筑施工各种数据信息进行分析决策，并给出合理高效解决办法的技术。BIM+AI技术可对建设周边地形、地段进行完整的分析及预测，结合BIM的大数据模型，将原本需要人工实地考察、筛选的施工组织工作，由AI系统在很短的时间内提出多套解决方案供建设者选择与决策，以便建设过程中实现各项资源的最优配置。

BIM+AI技术可实现地下综合管线的综合管理。运用BIM+AI地下综合管线的综合管理系统可直观显示地下管线的空间层次和位置，以仿真方式形象展现地下管线的埋深、材质、形状、走向以及工井结构和周边环境，极大地方便了排管、工井占用情况、位置等信息的查找，帮助项目对综合管线以标准化的方式进行管理，提供丰富强大的各类查询、统计和辅助分析等功能。

如图8-2、图8-3所示，可将现有建筑等周边环境信息与改造范围内的模型信息分层显示在同一个操作平台上，项目可以快速制定材料运输、临时施工场地布置等方案[174]。

图8-2　BIM+GIS图层管理[174]

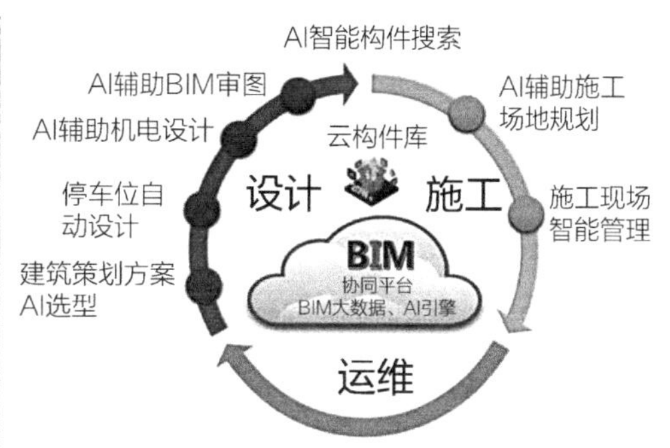

图8-3　BIM+AI新设计示意图[175]

BIM+AI技术有如下应用：

（1）BIM+AI技术对图纸、管件等的智能识别（图8-4、图8-5）可促进BIM技术在工程建设过程中的创优创效。如BIM+AI图纸识别，可通过APP实现轻量化的人机交互。具体表现为使用APP里图纸识别功能对准施工二维图纸（打印或电子版本）进行识别，即可呈现图纸对应的BIM模型，施工工作人员可通过触屏进行旋转、缩放、查看，实现实时交互。又如BIM+AI管件图片识别技术可解决现场施工时管件分辨不清导致错误使用的问题，比如需要用柔性防水套管的部位用成了普通套管，极易造成返工和效率低下。针对这一痛点，只需用BIM+AI管件图片识别技术中AI管件识别功能，打开APP对准图片扫描即可出现相应管件的BIM模型，点击构件即可查询管件的类型、使用部位、管件尺寸信息等，方便领料，减少错误发生，提高生产效率[175]。

（2）BIM+AI技术也可用于提升建筑施工安全。Smartvid.io施工（图8-6）现场照片和视频管理平台是BIM+AI技术用于提升建筑施工安全的典型代表，它采用机器学习、语音和图像辨识将施工现场的照片和视频进行自动标记，利用深度学习方式分析图像和语音，并主动为客户提供安全建议。根据Smartvid.io和Engineering News Record的案例研究，Smartvid.io能在10min内辨识1080张施工照片，并正确辨识446张含有人像、未戴安全

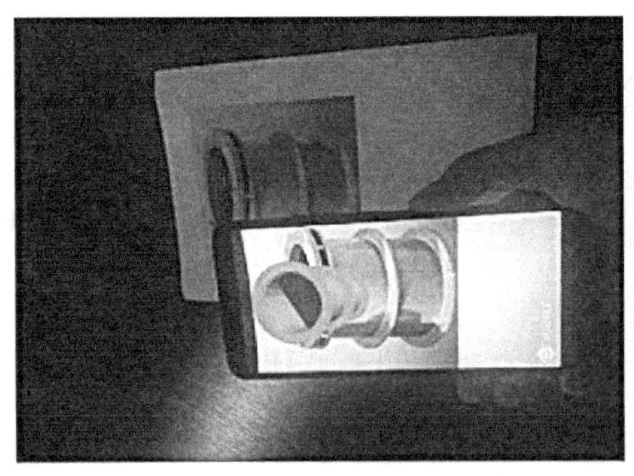

图8-4　AI管件图片识别[175]

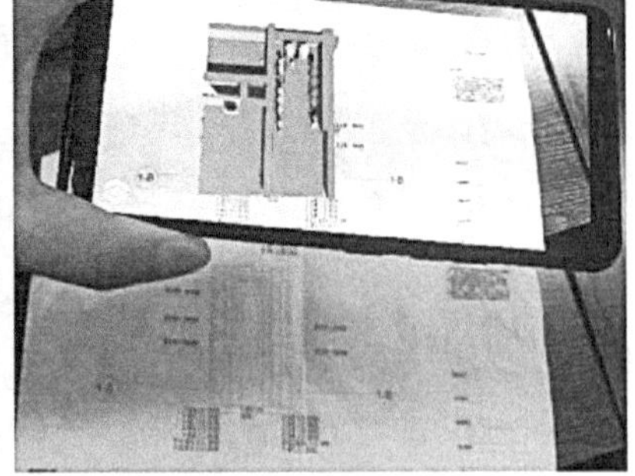

图8-5　AI图纸识别[175]

图8-6　Smartvid.io施工安全识别[176]

帽者、未穿安全反光衣工人的照片，相较于人工需要4.5h才能完成相同的任务。这种自动化工地监测可以为工地现场增加一双“眼睛”，动态辨识潜在风险因素，有助于提升施工安全。

8.2.2　BIM+GIS集成技术

BIM+GIS技术为智慧城市数字化进程提供各种应用管理。BIM+GIS技术可提供基于三维模型可视化的GIS查询和分析功能，同时也支持BIM建筑动态模拟、室内漫游、X-ray分析等功能，应用于城市规划、建筑设计、资产管理、室内导航、三维不动产登记管理等领域。BIM+GIS技术的集成可视化可以创建无缝的现实世界视图，从而满足单独使用BIM或GIS无法达到的应用需求[177]。既保留了BIM技术的协同性、可视化等优势，又将GIS的大场景地理空间元素引入，共同构建出一个包含各精度层级的城市甚至地区级信息共享云平台，实现各方并联式审批和监管等业务功能，全面提升城市空间利用价值[178]。

BIM+GIS技术的应用：BIM的应用对象往往是单个建筑体，而GIS宏观尺度上的功能可将BIM的应用范围扩展到公路、铁路、隧道、水电、港口等领域。如邢汾高速实现了基于GIS的全线宏观管理，基于BIM的标段管理的多层次施工管理。二者融合应用也可将GIS的室外导航应用到室内，结合BIM对室内信息的精细描述，可生成火灾逃生最合理路径而不仅仅是最短路径。

8.2.3 BIM+VR集成技术

BIM+VR技术具有沉浸性和交互性特点。VR（Virtual Reality，VR）技术能够建立非常真实的虚拟场景，如同身临其境。用户佩戴VR眼镜和体感手套等设备与虚拟空间进行交互，通过三维动态视景去感知实体行为下的虚拟世界。如用户握住虚拟世界中的门把手，现实世界就会产生真实触碰的感受[179]。在建筑施工领域，VR技术结合BIM技术，可以加强项目管理、增加交互性。

BIM+VR技术有如下应用：

（1）BIM+VR的应用实施十分广泛，体验交互效果良好，尤其是室外泛光照明设计、室内灯光设计、室内外展陈设计、室内外舞台灯光布景设计等专业性较强，通过虚拟现实体验能展现出其设计意图及效果的方案，利用BIM+VR技术，能将灯光以及展陈的最佳效果完整地展现给客户[180]。

（2）在装饰装修方面，利用VR技术制作室内精装模型，戴上VR头显，就可以身临其境的进入房间，就犹如“走进”了“样板房”一样。

（3）在项目质量安全方面，以三维动态的形式全真模拟工地施工真实场景和施工工艺要求；实现3D动态漫游，进行施工质量交底，规范施工现场质量行为；通过模拟安全事故发生，还原最真实事故现场，提高保护意识[181]。

（4）BIM+VR虚拟看房，通过键盘、VR手柄可实现现场虚拟观察。在看房过程中可移动至窗边观察楼栋间距、小区环境、海景效果等室外景观（图8–7），亦可移动至各房间观察房间布局、装修等室内效果（图8–8）。VR手柄设置渲染器还可设置时间及地点，模拟真实地理空间不同时间、地点的采光效果等，高度仿真的BIM+VR看房技术，可提升客户体验感。

（5）利用BIM+VR技术实现样板房模拟真实体验也可大大节约建设成本。传统看房需建设若干样板间，施工费用高昂，而BIM+VR技术主要为软件、硬件成本。如在烟台龙口市某房产项目中，采用BIM+VR技术比传统样板间展示节约成本约28.64万元[182]。

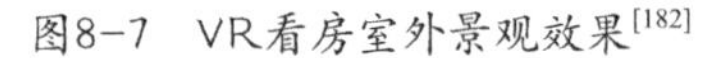

图8-7　VR看房室外景观效果[182]

图8-8　VR看房室内精装效果[182]

8.2.4　BIM与3D扫描技术

BIM+3D扫描技术是BIM技术与现场施工连接的纽带。三维激光扫描测量技术具有自动化测量数据采集和处理，实时化点云、三维图像生成和传输，数字化基础数据共享等功能[183]，得到的三维坐标信息可导入Auto CAD、Sketchup、Rhino，Revit等三维软件进行后续工程设计[184]。通过3D扫描技术精确完整地记录施工现场复杂三维坐标，高效完成现场数据采集，并反馈给BIM技术用于现场施工管理。相较于传统全站仪等测量技术需要进行逐点数据采集，三维激光扫描技术可快速全面获取结构精准三维坐标位置，极大降低了作业风险，提高了作业效率。

BIM+3D扫描技术的应用：（1）BIM+3D扫描技术可用于检测施工质量，如质量监测、缺陷检查、变形监测等；将在建筑施工期间通过三维激光扫描获得的现场测量数据，与BIM信息模型设计参数进行比对，可分析出施工质量情况。（2）逆向建模应用模式应用于无设计模型或改扩建项目，如古建筑还原等。通过对建筑进行三维激光扫描，获得现有建筑模型数据，再根据模型数据逆向创建BIM信息模型[184]。

2022卡塔尔世界杯主场馆卢赛尔体育场项目就采用了BIM+3D扫描技术进行建设，项目选用FAROS350高精度3D激光扫描仪，在施工精度控制、进度监控、模型生成、工程测量和竣工记录等领域进行创新应用，在加快工程进度、提高施工质量和降低工程成本方面发挥了关键作用。地形测绘和叠加体积计算采用三维扫描技术，快速绘制大场地区域的地形图，获取任意点的坐标数据，比传统的全站仪等测量工具效率更高。同时，通过扫描砂、砾石等堆积物，自动计算体积，并通过软件进行分析，大大提高了工程量计算的效率和准确性（图8-9、图8-10）。

图8-9　3D扫描技术水库坝体变形监测[184]

图8-10　大场区3D扫描点云用于施工进度监控图[184]

8.2.5　BIM与3D打印技术

BIM+3D打印技术可用于建筑模型的打印和建筑施工。BIM+3D打印技术是以BIM三维数字模型文件为基础，通过逐层打印或粉末熔铸的方式来构造建筑物的技术。目前BIM+3D打印技术主要利用3D打印机对BIM模型进行小型打印，实现建筑模型的物理展示或小型建筑的构造。由于目前的技术和材料暂不能十分满足大型建筑要求、成本高昂，所以对于大型建筑应用较少。如何将BIM技术和3D打印技术两者智能化融合是BIM + 3D打印技术实施的关键。BIM技术提供建筑模型信息，3D打印机整合信息进行打印，其智能化融合需要将BIM信息数据代码转换为3D打印机数据代码，并进行打印[185]。

BIM+3D打印技术的优势：BIM+3D打印技术的最大优势是有效降低人力成本，提高工作效率，且施工过程中不产生粉尘和建筑垃圾，是一种绿色环保技术，在节能环保方面与传统技术相比有明显优势。传统施工模式需要大量的模板，不仅增加了成本，也延长了工程工期，而3D打印技术不需要模具，通过水泥喷嘴将混凝土堆叠直接成型（图8-11），省去大量模板和人力，有效提高效率、降低成本；其次，相对于传统施工方式，3D打印混凝土材料还具有成型时间快、养护时间短的特点。在实际工程中应用，能快速产生强度、显著缩短工期，使得工程效率得到提高。

BIM+3D打印技术的劣势：由于3D打印技术很难在混凝土中添加钢筋，为了使其性能符合标准，一般向混凝土中添加纤维以增加抗性，但受限于3D打印层层叠加的特性，其抗拉和抗剪性能与传统钢筋混凝土结构仍有差距。其次，由于建筑规模和3D打印机大小密切相关，现阶段的3D打印低层建筑，若想修建较高层建筑，需要将打好的部分层层叠加，这样会造成工作量的显著提高，经济性降低[186]。

BIM+3D打印技术的应用：BIM+3D打印技术广泛应用于装配式建筑建造。如在新冠疫情期间，江苏、浙江、上海等建筑科技企业先后利用BIM+3D打印集成装配式建筑技术建造出几十所隔离病房运往湖北鄂州、黄冈等地（图8-12）。这批靠3D打印出来的隔离病

图8-11　3D打印实物图[185]

图8-12　3D打印隔离病房吊装图[187]

房模块面积约为10m²，高2.8m，其中利用装配技术把空调、卫生间设备、淋浴设施等安装到位，密封性和保温性均可满足单独隔离需要；隔离屋采用壳体结构，具有受力均匀、抗风、抗震的特点，还可以根据具体情况和防疫需要进行自由拼接、合理布置。在使用期满之后，隔离屋具有可搬运性，可以运往别处使用或者可将框架结构打碎回收，重新用于3D打印原材料的生产制造。每个隔离屋用一台打印机大约需要2h就可以完成，包括后期的水电卫浴安装，2～3天就可以交付[187]。

8.2.6　BIM+物联网技术

BIM+物联网技术是一项以BIM为基础数据模型，以物联网为辅助，将各类建筑运营数据收集整合，通过互联网实时将信息反馈到客户端以供操控调整的技术。

物联网即是把物体数字化，由RFID电子标签、二维码及条形码、传感器、配套软件等集成应用的物联网技术体系已在装配式构件生产、运输领域进行了广泛的应用。通过应用RFID技术对货物进行自动仓储库存管理、产品物流跟踪、产业链自动管理、产品装配和生产管理、产品防伪等。在混凝土装配式构件生产过程中，通过在构件中预埋RFID芯片，对预制构件生产全过程进行监控，实现了对预制构件在前期生产制作过程阶段、构件养护阶段、预制构件验收合格、预制构件堆场堆放等生产全过程及构件运输过程的实时监控[188]。

BIM+物联网技术有如下优点：

（1）实现数据采集的实时性、准确性和多样性。物联网技术实现了各类数据自动、及时、准确地采集和传输，并且扩展了数据的多样性，满足了工地多维度、可视化管理的需求。

（2）施工现场监督管理的灵活性。管理人员可以不受时间、空间的限制，利用计算机、手机等终端设备实现施工过程中关键工序、关键工艺的远程监控，施工人员、设备、材料信息的透彻感知，以及安全防护和环境监督等。

（3）运营维护数据累积与分析。可通过积累的数据来分析目前存在的问题和隐患，优化和完善现行管理并给予用户合理建议[189]，使业务分析和决策更加及时准确，提升了集成管理和智慧决策水平[190]。

BIM+物联网技术的应用：BIM+物联网技术可应用于整个建造供应链管理及装配和生产制造等环节。应用射频识别技术，能对信息进行快速、实时而又准确的处理。材料管理中的应用主要是在材料中植入射频芯片，贴上射频标签，同时在电子标签中设置完善的材料生产信息，从而掌握材料的相关注意事项，不仅使材料的来源明确，而且能避免在材料运输时发生被更换的情况，避免出现以次充好等材料问题。并且能通过射频电子标签对物品进行实时监控与跟踪，为建筑材料运输监测提供支持[191]。

在2022年北京冬奥会冰立方项目中，冰上运动中心要同时承办运营冰球与冰壶赛事，并且分别达到两者空间环境标准。两块冰场控制温度存在差异，其中冰球场温度精确控制在−5～7℃，环境相对湿度小于55%；冰壶场冰面温度控制在−3～5℃，环境相对湿度小于35%。因此需要对两个冰面的温度、场馆内湿度数据进行采集，如何在同一空间内实现温度、湿度的独立控制，项目建设团队采用BIM技术+有限元分析+PLC控制系统+物联网技术，模拟冰面传感器位置，测试智能楼宇控制系统和PLC控制系统实时传输，对两个冰面温度、湿度进行独立控制。经系统联动，实现同一空间下同时控制冰球场和冰壶场的环境标准[192]。

8.3
智慧建造机器人

由于人工成本上涨，砖瓦工人短缺，全球人口不断增长和技术不断进步，智慧建造机器人已经成为智慧建造的趋势。智慧建造机器人可分为墙体施工机器人、装修建筑机器人、维护建筑机器人、救援建筑机器人等[193]。

瑞士研发的墙体砌筑机器人“Insitu Fabricator”，能够在环境多变的建筑施工现场依靠履带自行运动，自主进行钢筋栅格结构的编接、混凝土浇灌等工序，最终完成有双曲面外形的承重墙体[194]。

澳大利亚Fastbrick Robotics Limited开发了一款Hadrian X动态砌筑机器人，它采用一种先进的“动态稳定技术”，能够实时测定由风、振动和惯性引起的扰动，并使用算法实时抵消它，提高了砌筑精度[195]。

早在20世纪90年代，日本东京电气通信大学就开发出在建筑顶棚安装空调器的画线机器人。它的主要功能有：自主移动、自身位置测定、画线定位。机器能够修正自身与目标位置的偏差，采用X-Y画笔模式，将需要打孔的位置画线标记到顶棚上[196]。

在建筑施工过程中会产生大量建筑垃圾，如扬尘、混凝土。瑞典Umea大学提出ERO机器人可用于混凝土和钢筋的剥离与资源回收，它使用高压喷射装置使混凝土破碎，再用离心作用分离混凝土和水体进行回收利用。

2016年，长沙万工机器人科技有限公司生产的装修机器人达芬奇一号面世。它能独立完成刮腻子、打磨、涂料施工等多种工序，并在垂直的墙面上打印出浮雕等多种工艺造型。在施工效率上，1个机器人可代替4个操作熟练的工人，大大提升工作效率[197]。

案例　智慧建造应用案例

智慧建造已经越来越多地应用于工程建设中，如2021年在广东顺德碧桂园凤桐花园项目中，智慧建造方式被广泛使用，此项目也被住房和城乡建设部列为智能建造试点之一。住房项目中引入广东博智林机器人有限公司（以下简称“博智林”）的机器人进行辅助建造，包括结构类机器人、装修类机器人、辅助类机器人以及智能设备等，这成为国内首个建筑机器人商业应用项目。

在施工过程中，地坪研磨机器人（图8–13）自主作业，无需人工，效率较以往提升近3倍；混凝土修整机器人实现对室内墙面、天花板和螺杆洞进行整修和封堵；外墙腻子喷涂机器人（图8–14）可对楼栋外立面进行喷涂，避免传统人工高坠风险，最大喷涂效率可达300m^2/h；双滤芯抑尘清扫机器人（图8–15）可实现自主路径规划、自主导航、自主清扫、自动倒垃圾等功能，效率较工人提升3倍，可有效提升清洁效率并解决保洁业人力资源紧张、成本上涨等问题[198]。

图8–13　地坪研磨机器人[198]

图8–14　外墙腻子喷涂机器人[198]

背后能控制调配这些机器人的“最强大脑”正是以BIM数字化技术为基础，整体应用了包括建筑机器人及智能施工设备、新型建筑工业化在内的智能建造体系。

智慧建造为的是提高建筑产品的功能，提高建筑产品的品质，其中绿色和健康就是非常重要的一个品质。在荷兰阿姆斯特丹2015年落成的The Edge大厦（图8-16），世界知名财经媒体Bloomberg彭博社评价 The Edge 为“全世界最智慧的建筑”，在英国绿色建筑研究机构（BRE）的BREEAM绿色建筑评估中，得分高达98.36%，被授予“全世界最绿色办公建筑”殊荣。楼体集合了多种基于互联网的最新智能技术，安装 2.8 万个传感器，建筑阳面全太阳能板覆盖，产生的电量可满足自己使用，也可并网供其他建筑使用。通过 2.8 万个传感器调节室内温度，舒适节能[199]。

图8-15　清扫机器人

图8-16　荷兰The Edge智慧大厦

8.4
智慧建材

建筑材料的选择、使用和所采用的技术对智慧建造发展至关重要。智慧材料能够减少建筑材料对人类健康和生态系统的影响，使建筑变得更加安全，具有可持续性、环保性，同时也使建筑充满了“智慧”[200]。

智慧建筑材料也可以模仿生命系统来感知环境出现的变化，对自身的性能参数进行改变，做出期望、适应变化后环境的符合材料及材料复合。这类材料主要特征就是自我调节和仿生命感觉[201]。这些材料和技术都具有仿生功能，被称为智能材料和智能结构。智能结构中包含智能材料[202]。

8.4.1　智慧涂料

智慧涂料是智慧建材中的一种，常见的类别有室外智慧涂料、室内智慧涂料和其他涂料等。

室外智慧涂料：室外空气涂料，用于建筑外饰面，可以达到净化空气、抗污力强、易清洁等效果。如英国发明一种名为“生态涂料”的新型涂料，能吸收二氧化氮气体，净化空气[203]。

建筑仿生表皮材料是建立一个“活的”建筑围护结构，能够像生物的皮肤一样控制建筑物中的热量，而不使用电力或机械元件，从而减少能源消耗及其对环境的破坏性影响[204]。

室内智慧涂料：室内智慧涂料，用于建筑内饰面，能较好吸收室内环境各种污染气体，并且通过光催化反应对有机物进行分解，从而产生抑菌效果[2]。

其他智慧涂料：其他智慧材料用途多样。如疏水涂料用于管道设备中，可以减少管道内部与水体的摩擦，加强水体流通，防止堵塞。同时也能起到防止金属器件生锈腐蚀的功能[205]。

法国美斯涂料研发出Decopur涂料（图8-17），具有分解室内甲醛功能，它可以捕捉室内甲醛并将其转化为水蒸气，净醛效率高达85.8%，长达20年[206]。此产品适用于室内天花板、石墙、水泥墙、腻子等表面涂装，特别适用于各种高档家居涂装，是欧洲涂料界新科技，畅销欧洲市场。

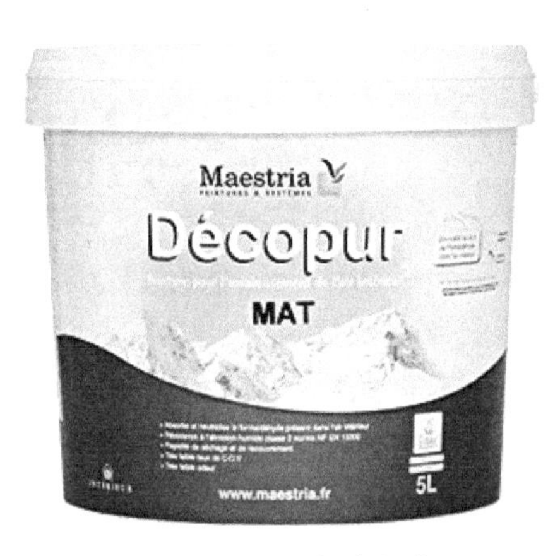

图8-17　美斯智慧涂料

8.4.2　智慧玻璃

玻璃属于建筑采光材料，除传统和常规的节能玻璃外，智慧玻璃还有吸热玻璃、中空玻璃以及热反射玻璃等类别。

吸热玻璃：吸热玻璃可以吸收太阳可见光，减弱光照强度，有效减少太阳辐射热和紫外线强度。从反向能源利用角度来分析，热量通过窗体导入室内，可减少热量散失，从而实现冬季取暖能耗的节约。

中空玻璃：中空玻璃由两片（或三片）玻璃构成，使用高强度高气密性复合粘结剂将玻璃片与内含干燥剂的铝合金框架粘结，是一种具有良好隔热、隔声、美观并可减轻建筑物自重的新型建筑材料。

LOW-E玻璃：LOW-E玻璃是一种低辐射玻璃，其玻璃表面镀有多层金属或其他化合物，使得镀膜层具有对可见光高透过及对中远红外线高反射的特性，与普通玻璃相比，对红外线有很好的反射率，对可见光具有较高的投射性。LOW-E玻璃可分为高透型LOW-E玻璃（适合寒冷的北方地区）、遮阳型LOW-E玻璃（南北地区都适用）和双银型LOW-E玻璃[207]。常与中空玻璃结合使用形成中空LOW-E镀膜玻璃，如图8-18所示。

图8-18　中空LOW-E镀膜玻璃

热反射玻璃：热反射玻璃又称阳光控制镀膜玻璃，采用的金属原料有铁、锡、钛或不锈钢等金属，也可采用化合物。具有较低的遮阳系数，可有效阻止热辐射；具有较高的热反射能力，遮光隔热性能好。对太阳辐射的反射率高达30%，可保持热反射玻璃的透光性。对可见光的透射率小，具有单向透视性，在白天人们可以从室内看到外面的景象，而在室外则无法看见室内的事物；夜晚，由于室内有照明灯，故室内无法看见室外的事物，提高了工作环境的舒适度和抗干扰能力[207]。

8.4.3　智慧混凝土

智慧混凝土相比传统混凝土有多方面优点，比如抑菌、自修复、自感应等。

抑菌混凝土：抑菌混凝土是一种可以达到抑菌效果的智慧混凝土。在传统混凝土中加入抗菌抑菌型物质进行搅拌，得到的抑菌混凝土可有效抑制真菌或细菌生长，从而保障潮湿居住环境下居住者的健康[208]。

自感应混凝土：自感应混凝土可以实现自测定混凝土使用的应变及损伤状况。如碳纤维混凝土是以传统混凝土为机体，以短切或连续的碳纤维为填充，复合而成的新型混凝土材料。此类材料的电阻率与其应变、损伤状况具有一定关系，因此，可以通过测定其电阻率的变化来测定混凝土的应变、损伤状况[209]（图8-19）。

自修复混凝土：自修复混凝土是在混凝土材料使用过程中，可以实现材料损伤老化修复的一种智慧混凝土材料。目前常用的自修复技术有结晶沉淀技术、渗透结晶技术、聚合物固化技术等。普通混凝土在使用过程中由于材料老化、疲劳等原因会产生损伤积累或抗力衰减，导致混凝土材料破坏开裂，空气中的CO_2、SO_2、氯化物和氮氧化物等容易进入内部腐蚀其结构，埋下建筑安全隐患。自修复混凝土的出现可以很好地应对这种状况，如聚合物固化技术（图8-20）混凝土是以模拟生物骨骼组织愈合的方式来达到结构修复目的，当混凝土结构受到外界应力而损伤破裂时，材料内部修复纤维愈合管破裂，管内愈合剂流出粘合修复裂缝，可以保持结构的完整并且防止腐蚀。此方式的难点在于是否能够及时准确地释放愈合剂、愈合剂是否能准确到达需要愈合的位置[209]。还有一种低碱胶凝材料负载微生物应用于混凝土的开裂自修复方法，微生物诱导成矿物质能有效提升混凝土自修复能力[210]（图8-21～图8-23）。

自调节混凝土：自调节混凝土是一种可以实现自动调节混凝土各项性能的智慧混凝土。如自调节强度混凝土，在混凝土中加入记忆合金、电流变体等驱动材料，可调节由温差等因素引起的变形，当受到外部荷载干扰时，可利用其形状记忆特性，进行结构内部内力重分布，从而提升结构承载力[209]。自调节湿度混凝土，在普通混凝土中加入纳米级沸石粉，得到的新型混凝土可以具备自调节湿度功能[209]。

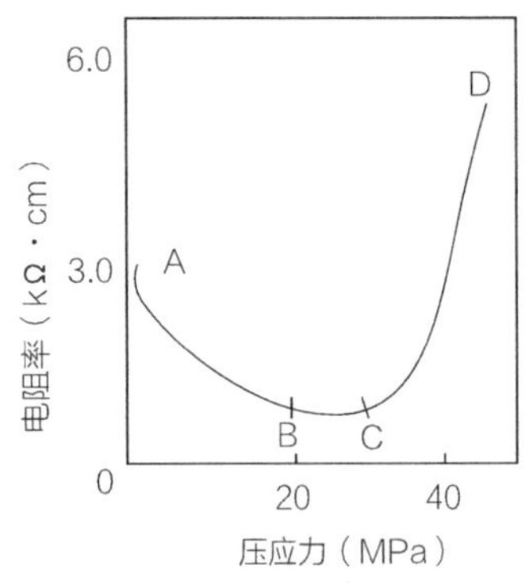

图8-19 碳纤维压应力与电阻率的关系[209]

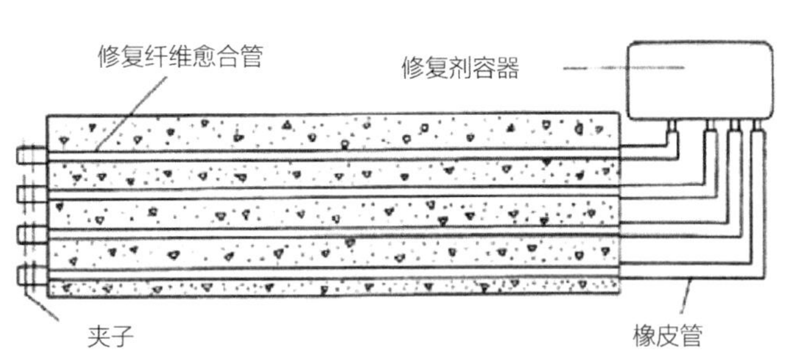

图8-20 聚合物固化技术结构示意图[209]

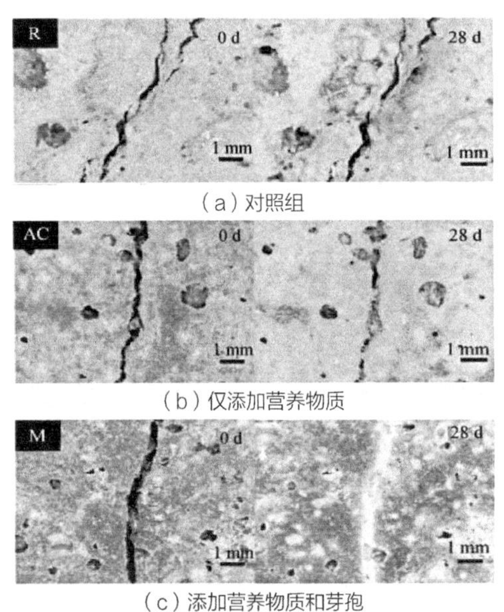

（a）对照组

（b）仅添加营养物质

（c）添加营养物质和芽孢

图8-21 混凝土试件表面裂缝自修复前后对比[210]

（a）1%，section　（b）7%，section

（c）Mortar compression surface after repair　（d）Macro cracks after repair

图8-22 微胶囊断面及试件修复后的宏观形貌[211]

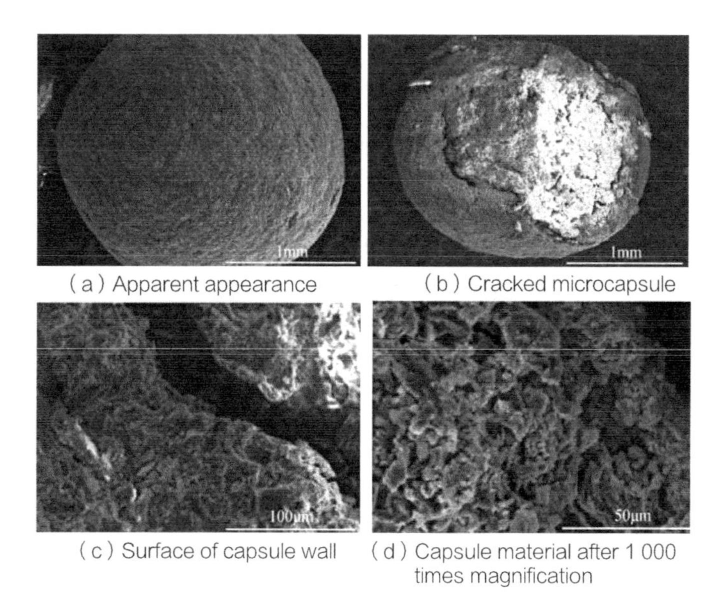

（a）Apparent appearance　（b）Cracked microcapsule
（c）Surface of capsule wall　（d）Capsule material after 1 000 times magnification

图8-23　微胶囊的微观形貌SEM图片[211]

8.4.4　智慧管材

智慧管材在智慧建筑发展中有重要作用。目前，智慧管材研究主要集中在管材传感器以流体压力、温度、流量等信息和射频技术或二维码实现管材智慧存储、运输和溯源功能[212]。

8.4.5　装配式标准建材

预制构件标准化构件的材料设计结合了建筑的整个生命周期，根据构件的不同功能和要求，遵循受力合理、连接简单、施工方便、复用率高、维修更换方便的原则[213]。建筑标准件构件库可分为装配式构件库、建筑装饰构件库、材料配件库等模块。装配式构件库根据构件类型分为核心库、基础库和扩展库。核心库是指由通用性强的构件组成的构件库，主要包括叠层板、预制内墙、预制外墙、空调板、阳台板、叠层梁、预制柱、楼梯等构件类型，以模块化和参数化的方式生成和存储。基本库是由一定数量的通用组件组成的组件库。基础库的组件应符合模块化和标准化的概念[213]。

8.4.6　其他材料

环保砖：环保砖本身为多孔结构，可有效吸收汽车尾气、一氧化碳等气体，具有显著的透气透水性能，从而达到良好的生态保护效果。

碳纤维电热板材：碳纤维电热板材是一种典型的多功能板材。在墙板、吊顶板、底板或者其他装饰板材制作中添加碳纤维，利用电辐射供暖，其热效率将近100%，可达到节能、安全、无污染、散热均匀、方便操作、温度自由调节的效果。

太阳能转换材料：太阳能转换材料是通过智能建筑的使用实现除了传统的光热转换之外，还可通过光—热转换、光—电转换将太阳能转变为电能，将太阳能电池和建筑材料融合一起，实现建筑和太阳能的完美结合。具有低辐射、低能耗、低污染等优点。

导热界面材料：导热界面材料是呈半透明的一种绝热塑料，其主要应用在保护玻璃、遮阳卷帘、空气层、吸热面层、结构层等制成复合透明隔热外墙，从而让传统复合墙体的保温隔热功能得到扩展，其具有采光隔热、吸流、通空气的效果。

相转变材料：相转变材料是利用变相期间释放或者吸收热量来进行潜热储存，具有效率高、储能密度大、恒定温度下吸收和放热效果显著等特点。主要应用在温度控制、储能、废热回收、太阳能利用、保温材料等方面。相转变材料作为开发智能建筑材料的一种功能元素，是用途较为广阔的节能材料。例如，在对室内温度稳定性改善、空调系统平稳性维护上具有明显的优势；也可以应用在混凝土制作中，进一步控制和调节混凝土的功能和温度，避免桥梁、飞机跑道和道路在冬季结冰；恒温智能墙体材料、恒温智能水泥砂浆则能够提升墙体蓄热能力，让其冬季保温、夏季隔热效果更加明显[213]。

案例 BIQ住宅可呼吸外墙材料

在2013年汉堡国际建筑展览会中出现了一款生物智能（Bio Intelligent Quotient，BIQ）住宅，BIQ住宅（图8–24）是智慧材料住宅的典型代表。该设计由树蛙表皮得到灵感，设计的住宅表皮材料注重对太阳能的高效利用，表皮系统的开发利用了一种可进行光合作用的单细胞微藻，理想条件下光合作用效率可达10%～11%[214]，也是“可呼吸的”。智慧建材的发展趋势是朝着舒适化、安全化、智能化、高效率、人性化、环保健康等方向发展；朝着加大资金和技术的投入，提高产品科技含量，产品高科技化方向发展[215]。

图8–24　Bio Intelligent Quotient住宅

8.5 智慧建造未来发展趋势

智慧建造的理论创新，借助BIM技术、物联网、大数据、云计算、移动互联网等电子信息技术相互渗透融合，相关基础理论和框架体系持续突破。新兴信息技术驱动5G技术、人工智能、区块链等技术也将为智慧建造提供技术支撑。各项技术的交叉融合可真正实现建造过程由数字化、自动化向集成化、智慧化的变革。智慧建造一体化系统平台对整个建造过程的覆盖度不断提高，各子系统间通过相关数据接口可实现资源的共享与系统间的集成[215]。

在未来智能建造中，移动智能终端和建筑机器人将成重要工具，智能穿戴设备或将成辅助工具。

第9章 智慧家居

9.1 概况

智慧家居旨在将家中的各种设备通过物联网技术连接到一起，并提供多种控制功能和监测手段。与普通家居相比，智能家居不仅具有传统的居住功能，而且兼备网络通信、信息家电、设备自动化等功能，提供全方位的信息交互，并且可以节约各种能源费用[216]。陈慧灵提出智慧家居是以家居为平台，安装有各种传感系统以及智能硬件和信息联通系统，相互搭配营造居住环境的一种新型应用[217]。

国外智能家居发展比较早，也比较迅速。早在1995年，美国和新加坡就已经大量推广智能家居，其平均安装一家智能家居消费高达7000美元，但是使用率仅占0.3%。从目前来看，美国是全世界智能家居使用最多的国家，其次是日本、德国等国家。随着智能家居的推进，美国的智能家居市场也在不断地增长和扩大，2016年美国的家居市场容量已经达到97亿美元，并且以平均每年30亿美元左右的增长速度迅速增长，市场的总收入已经达到9912万美元，家庭普及率为5.3%左右。

相较于国外的智能家居，国内的智能家居发展比较缓慢，主要分为四个时期：1994—1999年，智能家居还处于萌芽时期，国内关于它的概念比较少，局势不太明朗。2000—2005年，处于开创期的智能家居已经在国内得到了重视，在长三角和珠三角已经有企业开始研究智能家居并希望得到应用，此时国外的智能家居技术还没有引入国内。2006—2010年，是国内智能家居的徘徊期。由于之前国内智能家居处于摸索阶段，很多企业夸大其智能家居的特点和作用，导致宣传效果和使用效果相差较多，一部分国内的智能家居企业在这个阶段倒闭，但仍然有一部分国内企业熬过了徘徊期。到了2014年，智能家居迎来了爆发期，各种智能家居的需求和认可度都逐年增加，市场规模和销售额呈现指数增长[218]。

当有了智慧家居，你的一天有可能就是这样开始的：从你睡醒睁开眼的那一刻，你就已经生活在一个智能机器人充斥的环境中，智能卫浴会感应你起床的动静自动将洗浴水温调好，智能厨房会为你自动烹饪早餐，机器人会自动给你做衣服的搭配；等你出门上班时，交通工具将会是一辆无人驾驶的机器人汽车；当你走进办公室，你的智能桌子会立刻感应到，为你打开电脑，打开工作日程表，开始一天的工作[219]。

9.2 智慧照明系统

智慧照明是利用通信传输技术、信息化处理及电器控制技术等实现对照明系统的智慧调配控制[220]。智能照明能实现对单个灯具的开关控制，也可实现对灯具的组合开关控制，进行不同的灯光编排营造不同灯光气氛；智能调光实现光线由暗到亮渐变控制，避免瞬时电流增高对灯具造成的损伤，也符合人眼适应规律。照明控制可通过手机终端或面板实现智能控制，在回家前即可唤醒灯光，出门后忘记关灯也可随时一键关灯。

随着智慧家居的逐渐普及，智慧照明已成为智慧生活中必不可少的一部分，人们对灯具的外观、内置功能、智能程度都提出了更多的要求，如调调科技所说："灯光太寂寞了，已经有100多年没有变化，而且我们深信，未来技术的革新，一定是在主流之外的边缘地带，一如汽车之于马车，您绝不是需要一盏越来越亮的灯。"智能照明已不仅仅以满足照明为需求，而是将智能、舒适、便捷融入生活艺术当中。随着互联网技术与AI技术、LED照明技术的不断成熟以及跨界合作的增多，智慧照明从以往概念多、成果少的阶段转向概念多、产品也多的阶段。2015年，小米与阳光、鸿雁、欧普、飞利浦、木林森等13家照明企业签订了《共建智能照明联合声明》；2016年，欧普照明与华为开始战略合作，并在华为Hi Link智慧家庭生态发布会上发布了合作后的首批产品。阿里智能也和鸿雁电器达成合作[221]，这是互联网企业与照明企业的双向合作，旨在推进智能照明业的发展壮大。

图9-1　飞利浦智能灯泡

目前常见的智慧照明产品如飞利浦智能灯泡LED照明（图9-1，表9-1）：通过手机APP控制智能照明模式，可以实现不同场景的照明要求氛围如晚餐灯光或者定制灯光范围，还可从预设模式或百万色彩中选择灯光颜色；可与天猫精灵、百度小度、苹果Siri、Alexa或Google音响联动实现语音控制，如对天猫精灵说："天猫精灵，请打开厨房的灯"厨房灯即可亮起。

Yeelight智能灯泡（表9-2）：Yeelight采用专有SLiX™混光技术，让灯泡（彩光版）发出缤纷多彩的颜色。流光模式下，灯光可在不同颜色氛围中自动切换，且可调节切换节奏；欣赏家庭影院时，氛围灯灯光可与影院氛围匹配，制造身临其境之感；智能拾色技术可自动识别相片中的颜色，将照片色彩应用于灯光配色中，还原当时色彩氛围。白光版灯泡色温控制在较为中性的400K。Yeelight内置小米智能家庭Wi-Fi模块，通过手机可实现远程无声控制，也可同时控制灯泡群组，实现回家路上远程开灯、忘记关灯随时关闭、睡前一键关灯等功能。

飞利浦智能灯泡功能一览 表9-1

飞利浦智能灯泡								
	Wi-Fi直连	远程操控（APP控制、SIRI语音、动作感应、天猫精灵/百度小度、智能遥控器、墙壁开关）	颜色调节	氛围灯	无可视频闪	远离蓝光危害	眩光抑制	昼夜节律灯
白光板	√	√	—	—	√	√	√	√
采光板	√	√	√	√	√	√	√	√

Yeelight智能灯泡功能一览 表9-2

Yeelight 智能LED灯泡												
	亮度调节	颜色调节	色温调节	早安唤醒	流光	智能拾色	灯光收藏	定时开关灯	延时开光灯	智能场景联动	灯泡群组控制	灯泡群组分享
白光板	√	—	4000K	—	—	—	√	√	√	√	√	√
采光板	√	√	1700 ~ 6500K	√	√	√	√	√	√	√	√	√

陪伴性儿童护眼灯具：肖雯丽提出一种基于陪伴性的儿童智能护眼灯具设计，设计旨在增强家长与儿童之间交流互动和加强视力保护。对学生来说，需要适宜的灯光满足学习需求，有定时休息提醒并且能和家长实时互动；对家长来说，需要护眼灯传达关于儿童学习状态的信息以及心情状况、疲劳程度等，以便及时关心孩子，增加陪伴感，让孩子更好地调整学习心情和状态，避免疲劳。灯具还带有智能显示屏，可以通过APP实现疑难解答功能，让灯具逐步向智能化、人性化、情感化发展[222]。

基于手势控制的LED变形灯设计：王宁等提出一种基于手势控制的LED变形灯设计，通过手势识别可以实现对光照效果、照明角度的调整，增强了人与灯的交互，同时可以通过手机APP智能控制灯具[223]。

9.3
智慧家庭影音与多媒体系统

未来电视广播服务的目标之一是为用户提供逼真的媒体内容。通过五种感官刺激（即味觉、视觉、触觉、嗅觉和听觉），在传统媒体中添加多种感官效果，可以增强用户的真实感[224]。

“互联网+电影”观影新模式的技术核心是通过研发应用符合国际规范的电影加密打包格式，部署放映密钥制作授权管理平台，可在智能电视机和智能电影放映一体机上播放2K高清（未来可播放4K超高清）的优质电影画面。新型的智能电影放映一体机采用了激光光源，保障了放映质量稳定，使用寿命长，真正建成一个“小而美”的影院。这些技术具有完备的电影知识产权保护功能，开创了电影放映的新模式[225]。

智能多媒体数字电视终端将全面支持Wi-Fi、蓝牙、红外、RFID、ZigBee和闪联功能，使其具有家庭物联网信息收集、传感功能，实现数字家庭、安全监控表等功能，建立家庭物联网，拓展家电网络系统（家庭物联网中心）。

Wi-Fi、VoIP、蓝牙、体感游戏、家庭网关都融合进了数字电视终端产品，用户通过智能数字电视多媒体终端可以实现在电视上聊天、同朋友一起玩游戏、自由购物。同时，智能多媒体数字电视终端还可以作为家庭网络的信息处理中心，负责信息收集、信息的初步处理以及策略的执行。支持多媒体家庭网关的数字电视终端可以具备多接口、多业务感知等新特点，配合各类外围应用终端可以很方便地扩展基于信息家电、家庭通信、娱乐和生活应用的各项服务，为数字家庭提供更加丰富多彩的综合信息服务。支持多媒体家庭网关的数字电视终端还可以拓展出更多的应用，如实现家庭安防、家庭控制、家电照明、远程抄表、小区信息、增值服务等功能，为用户提供更多便利服务[226]。多功能融合业务丰富，娱乐性增强，提供数字电视、在线视频、视频聊天、网络音乐、3D游戏等多种应用功能，随后将提供教育、远程医疗、社区服务、网络商店等增值业务[227]，由信息、医疗保健、学习和社交网络服务四大服务组成[228]。

多房间音乐系统或背景音乐系统在控制上的最大特点则是加入了智能化控制元素，可以让用户选择和控制在多个不同房间或区域播放相同的音乐，又或者是在不同的房间或区域播放不同的音乐。例如，可以在客厅、过道、厨房等公共区域播放相同类型的音乐，而在每个房间则是让大家各自选择自己喜爱的音乐播放，同时还可以分别调整音量，不会产生相互影响，支持手机APP应用程序控制。

语音控制已经成为全宅智能集成系统之中不可或缺的重要功能，甚至不少的智能音箱、平板电视都已经支持多种不同方言的语音控制功能[229]。阿里巴巴的智能音箱天猫精灵（图9–2）可实现智能家居控制、语音购物、手机充值、天气查询、外卖点餐、音乐播放等众多功能；小米公司的智能语音助手“小爱同学”（图9–3）同样应用于小米生态链上的诸多智能家居设备，通过“小爱同学”可连接扫地机器人、电视、新风机、晾衣架、电暖器、浴霸、摄像头、加湿器、灯具、电饭煲、油烟机、冰箱、洗衣机、温度传感器、窗帘等智能设备。2019年通过智能音箱可以控制超过80%的智能家居设备。

图9–2　天猫精灵硬糖无线蓝牙智能音箱

智慧AI音箱：以家庭音响为主要载体的智能交互系统[230]。声纹购物、语音查询天气路况、点歌、讲故事等日常所需只要发出明确指令就能轻松搞定，还可以操控家里的智能家电[231]。截至2019年底，中国智能音箱累计出货量7200万台，在我国城镇住房中渗透率达20%，接近2012年智能手机的渗透度[232]。

图9–3　小爱同学智能音箱

9.4
智慧空气净化系统

海尔推出的空气净化器产品净化魔方，它的累积净化量达到新国标最高档（P4 ≥12000mg），可实现$PM_{2.5}$、VOC双重数值可视化，消费者可以实时查看室内空气质量和净化效果[233]。

美的空气净化器系列产品均通过中国质量认证中心CQC检测，除霾能力均达到新国标除颗粒物CCM值最高级别P4级。此外，美的空气净化器全系列产品通过美国AHAM权威检测，可在5min实现40m^2大空间的空气速净；滋润款B21，搭载全新的0水雾纳米加湿技术和四重抗菌循环保护，实现空气加湿、净化、杀菌三合一的卓越保护[234]。

九阳CXW-330-JY311油烟机是一款具备新风系统的大风量油烟机，当烹饪完毕后，新风系统可以彻底净化厨房的油烟和异味[235]。

9.5
智慧厨房

智慧厨房是充满科技感的现代厨房，将智能、健康、集成、场景化、设计感集于厨房一体，为人们烹饪饮食提供更智能化、人性化、健康的保障。

在厨房智慧产业中，博西家电、海尔、美的、松下、老板电器、方太等企业是行业先行者。早在2014年，老板电器就推出第一代ROKI智能烹饪系统，在行业内率先开创厨电智能化历程。2017年，老板电器成为首批与华为Hi-Link智能家居平台合作的厨电企业，联手华为打造智能家居时代的智能厨房。ROKI智能烹饪系统经过多次更新迭代，更加注重产品与人的连接，如今已经基本覆盖吸油烟机、灶具、微波炉、电蒸箱、电烤箱、洗碗机、净水器等厨电品类，实现厨房内部电器的闭环式连接，同时接入第三方美食平台开发系统、食材配送系统等，从产业链到生态链，完成智能厨房生态圈雏形的孵化。方太推出智能化产品星厨燃气灶可实现温度控制与时间控制，让用户轻松烹饪。博西家电推出的“博世・厨乐派”是一个可以手势控制和交互使用的平台，通过互联网完成交互和菜单的定制，并对产品进行智能控制。博西家电的智能化分为三个层次：第一层是家电本身的智能，以西门子智能展翼和智能拢翼系列吸油烟机为例，吸油烟机会根据油烟的浓度自动调节风速大小，还具有净化效果；第二层是本地智能和云端智能相结合，实时的人机互动；第三层就是物物相连，保证不同设备之间的互联互通[236]。

长虹智慧厨房：厨房机器人负责最终菜品的烹制，扮演着“大厨”的角色。为了制作出味道更美味、品质更稳定、样式更丰富的菜品，长虹组建了菜谱研发团队。该团队由著名烹饪大师、系统工程师组成。其中，烹饪大师主要负责菜品开发，系统工程师主要负责菜系工程化、标准化的程序开发。目前，长虹菜谱研发团队已经标准化了回锅肉、宫保鸡丁、鱼香肉丝、麻婆豆腐等65个菜品，455个规格。随着菜谱研发的深入，将有更为丰富的菜品可供选择。长虹厨房机器人采用电磁加热系统，可在0～300℃之间精准控温，冷却状态下锅壁温度可在10s内提升至80℃；针对川菜特有的爆炒菜品，炒菜温度可恒定在200℃以上，确保口味纯正。长虹厨房机器人具备智能滚炒技术，面对大份量的食材也能使其受热均匀，杜绝半熟。此外，通过油烟自洁系统，实现水渣分离、水油分离、水汽分离，让后厨保持整洁干净[237]。

海尔云厨：“Hi，小馨，告诉我今天晚上吃什么?”“您忙碌一天辛苦了，根据现有食材，我为您规划了营养晚餐，有春笋肉丝、青椒炒草菇、菠菜猪肝汤，您拿出食材后可按照屏幕上的菜谱进行烹饪。”“好的，帮我播放音乐吧!”随后，这一款冰箱开始播放Bigbang的Fantastic Baby。海尔馨厨冰箱（图9-4）采用行业首创RFID溯源、VOC气味新鲜度识别、光谱检测技术等，为消费者提供更安全的饮食来源和膳食指导。实现了语音控制、食材管理、食谱推荐、在线商超等智能体验，其屏端也引入智能管家服务，可以实现线上呼寻家庭医生、保姆、月嫂等功能。在厨房场景中，海尔馨厨冰箱可以根据现有食材推荐菜谱，选择菜谱后会自动给厨房智能电器发送指令，如调节火候大小、油烟机风力强弱及洗碗机洗涤程序等。在安防场景中，冰箱可与海尔生态安防圈的智能门锁、智能监控系统等实时联控，安防终端影像可在海尔冰箱智慧屏上呈现，实现安防枢纽功能。在娱乐场景中，海尔馨厨冰箱可实现手机、电视多屏互动，将厨房融为家庭娱乐空间的一部分[238]。

图9-4　海尔馨厨冰箱

9.6

智慧能源管理

随着人类智能化的需求越来越普及，传统能源管理（传统插座）已经无法满足现代人类的需求，智能插座作为新型的物联网技术，具有智能化、高安全、可遥控、节能环保等特点，在当代的实际生活中具有较大的实用性[239]。

智能插座一般和路由器+智能手机配套使用，因此家里首先要有相应的路由环境。比如我们需要使用插座控制热水器的使用，首先将插座和热水器连接，智能插座通电后其内置的Wi-Fi通信模块就会接入家庭Wi-Fi网络，通过插座厂家提供的APP，在手机上将需要控制的插座添加到设备列表即可对其进行控制。完成设备的添加后，就可以在手机上对插座进行智能控制了。比如切换到小米插座后点击屏幕插座的图标后就可以开启/关闭插座电源，这样任何普通家电连接小米智能插座后，都可以在手机上对普通家用电器实行远程控制。通过上面的操作可以知道，智能插座之所以比普通插座更智能，关键就是这些插座配置了无线通信模块，它可以接收手机发出的指令，然后传递给控制器对开关的通/断电状态进行控制。从原理上看，手机控制插座和我们日常使用的手机控制机顶盒、电视其实是一样的，手机就相当于智能插座系统的控制中枢，我们可以在手机屏幕上进行各种智能控制[240]。

智能插座能够解决目前传统插座所面临的问题，通过第三方应用对插座进行控制，即用户可利用微信小程序来控制智能插座，实现定时开关、查询电器能耗等。

智慧插座有如下类型：

（1）充电保护插座：在具体应用过程中，需要长时间等待的充电操作很容易出现满电后继续充电的情况。在此种情况下，长期过度使用插座不但会损坏智能产品的电池结构，还会使智能产品产生相应的安全隐患。而具备充电保护功能的智能插座，在电池充满时能自动启动充电保护功能。

（2）可监测电量插座：可监测电量插座具有监测电量应用状况的功能。所以，从本质上讲，可监测电量插座也类似于一种智能电表设备。可监测电量插座的显示屏一般能显示本插座应用状态下电流、电压等电力资源应用的特殊指标值，能够实时、准确地了解电力的应用状态和情况，这是一种典型的智能功能表现。在人们面前呈现出的电气信息更加准确、全面，能够直观反映出插座上的电器运行功率、电流、电压等信息[241, 242]。

（3）定时开关插座：定时开关插座具有定时功能，主要体现在无人监控的情况下，只要将应用时间提前设置好，就可以在选定的时间内实现插座的启动和应用。在确保安全的前提下，推动了家电产品的周期性、合理规划和布局，进而进一步节约资源。

（4）可利用Wi-Fi控制操纵的插座：利用网络平台的功能实现插座智能功能的过程。

（5）其他智慧插座：路由中继型的插座、由主路系统实现控制的插座等类型[242]［路由中继：A 地到B地中间相隔较远，无法使用网线连接，利用无线路由中继功能（无线数据接力）把A跟B之间的网络连通］。

智慧插座能够实现的功能还包括：

（1）家庭负荷控制：在用电高峰时段，电网供电出现一定缺口的时候，系统可以通过限制家庭用电总量或者限制家庭用电设备分类等方式来确保家庭必要设备的电力供应效果，在用电高峰时段，通过自动切断非必要用电设备电源的方式来限制家庭电力使用总量。

（2）家庭用电分析：实时收集用户端的用电信息，并将该些数据存储到数据库中，然后利用大数据技术和云计算技术对所有用户信息进行发掘分析，确定区域用电情况以及各家各户中各类电器的实际能耗占比、使用时长以及使用频率，为家庭电力能源系统的智能调控提供重要参考[243]。生活中对电器的不合理使用，造成了资源浪费和电器“短命”。而这种智能插座可以设置充电时间，出门后一键关闭所有“电源”，还可以远程控制[244]。比如公牛Wi-Fi智能插座二代：支持Wi-Fi技术、迷你尺寸、配有安全门防止儿童误触，通过连接手机，在手机APP上实现家居操控功能。

9.7 智慧机器人

扫地机器人：随着扫地机器人、幕墙清洗机器人、擦窗机器人、泳池清洁机器人等各种机器人的普及应用，人工智能将人们从无聊、肮脏、危险的清洁工作中释放出来，同时大大提升了工作效率[245]。比如IROBOT美国制造商是扫地机器人先行者，早于2002年进入家用扫地机器人行业，积累很多行业专利技术。

教育机器人i宝：阿凡达机器人公司i宝（图9–5）明确定位于家庭服务。人形外观，底部滑轮，14个自由度，更接近人类姿态，与其他机器人产生鲜明对比。它主要面向群体为3～8岁的儿童，具备丰富的内容资源和灵敏的交互能力，从“教育+、陪伴+、娱乐+、监护+”四个方面对儿童进行全方面呵护[246]。

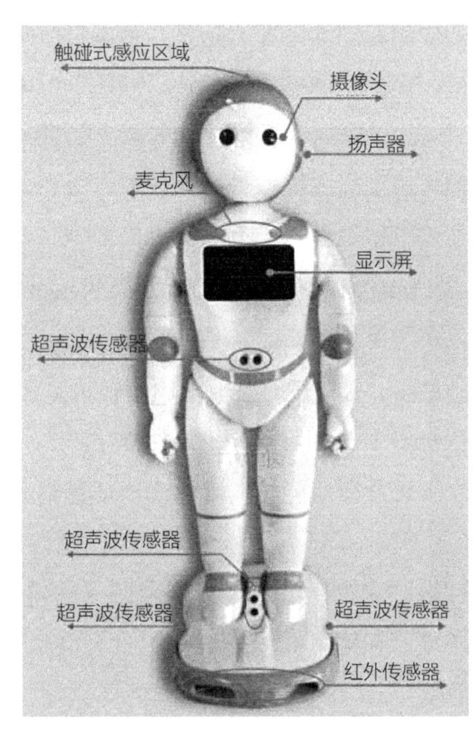

图9–5　阿凡达i宝机器人[246]

Twenty-One机器人（图9–6）：Twenty-One机器人是日本早稻田大学的菅野茂树教授带领科研组研发的专为行动不便的人服务的仿人形机器人。每一只机械手，都安装了13个先进的传感器，基本可以完成人类能做的各种动作。首先，它的手指表面使用了柔软的硅胶，触感与人手接近，而在它手指末端的传感器，敏感程度也基本接近人类；其次，众多传感器分工合作可以使它感知到周围环境以及物体，做到对指令的准确执行，如端茶递水、搬书、烤面包、叠被子或扶老人起床等。如果残疾人摔倒了，它能做到及时出手扶起。只要是需要用到手的事情，不论是精巧的细活，还是繁重的体力活，都可以放心交给它[247]，在对抗老龄化社会和劳动力短缺方面有重要作用。

图9–6　仿人形机器人“Twenty–One”[247]

“家乐”机器人：“家乐”机器人是一款针对空巢老人的看护机器人。老人将服药时间录入机器人，机器人到时间便会提醒用户需要服药了。当用户有需求时，只需呼喊“家乐”的名字，如需要上卫生间，“家乐”会自主开灯。若遇紧急情况，家乐也会自动拨打120求助。同时它也会和用户聊天谈心，减少空巢老人孤独感，并且能够实时评估用户健康状况，生成检测报告发送给子女，也可以进行实时视频聊天[248]。

9.8 智慧家居应用案例

伴随着人们生活水平提高，人们对于智慧家居的需求也日益高涨，智慧家居的应用也越来越广泛。

如生态智能“健康屋”从室内生态环境、空气净化、智能家居、门禁、报警、监控、照明、暖通，再到人员身份识别等提供了一整套智能化解决方案，具体包括：健康数据统计，实现室内检测人体健康数据，及时预防各类疾病；智能家居，室内做到人走灯灭、水关，电器远程控制，智能烹饪，智能食谱推荐搭配；温湿度控制，远程控制空调开关、智能地暖控制，实时监测调节建筑中不同区域的温湿度；权限控制，控制孩童的电器使用权限，防止误触误伤；煤气监测，当检测厨房长期无占用时，系统自动关闭煤气阀门，当煤气泄漏时，系统自动关闭阀门保护住户安全；四害预防，杀虫灭菌系统化，达到整屋无四害，杜绝食物、家具二次污染；水循环环保节能，整屋水源净化，提炼矿物质提升饮用水健康，生活用水循环利用，浇花、种菜多效循环，节能环保；电力健康节能，智慧插座会在使用时间自动通电或当感应屋内无人占用时自动切断电源，避免能源浪费；净化空气，室外控制油烟排放净化过滤后释放，室内测负氧离子含量、测温湿度、$PM_{2.5}$、甲醛、CO_2、VOC等，将检测数据精确反映到系统；远程视频交流，可以通过手机随时查看家人情况，保障家人安全，家人也可以随时随地与子女互动交流，一键操作简单方便；防盗报警，防盗入侵报警联动功能，一旦发现警情系统可立即通过短信或电话实时告知家人、小区物业和联保公司，远程开门关窗；智慧睡眠，入睡后可检测住户睡眠状况，防止身体突发情况[249]。

生态智能“健康屋”配备设施：

（1）探测监控

①空气探测；②空气温湿度检测；③久坐提醒；④冰箱食物健康检测；⑤火警探测；⑥防盗警报；⑦身体健康检测。

（2）视频监控

①网络猫眼；②室内监控报警系统；③室外监控报警系统；④人体健康温度实时监测。

（3）智能家居

①电子门锁；②智能插座；③智能灯泡；④智能音箱；⑤智能马桶；⑥电动窗帘；⑦智能小家电；⑧净水系统；⑨排水净化再利用功能；⑩垃圾处理；⑪智能地暖。

9.9
智慧家居发展前景展望

智慧家居空间是家居空间发展的必然趋势之一，也是设计人文关怀的呼唤，通过家居室内各单项智能化综合管理调控的实现，使家居室内始终处于空间使用者最适宜的生活环境[250]。

智慧照明系统的节能效果较传统系统更加显著：解决“长明灯”因长时间无人使用而造成耗能大的问题；智能调光，通过感应外界自然光强度，充分利用自然光光源，降低能耗；延长灯具寿命，智能照明通过软启动（平滑启动）避免冲击电压使灯泡受到热冲击，从而有效延长灯具寿命，通常智能照明方式相比传统照明方式可使灯泡寿命延长2～4倍，有效减少资源浪费。

智能照明新未来：（1）价格越来越亲民。许多家庭未购入智能灯泡的原因是价格较为昂贵，动辄上百元的灯泡并不是所有家庭能够负担的。随着竞争的激烈，一些低价智能灯泡逐渐出现于大众视野，如Tabu Lu Mini LED等产品，单个成本为几十元，是非常好的智慧照明入门产品。越来越亲民的低价将适应市场需求并达到市场推广的效果。（2）提供整体解决方案。客户对如何发挥智能灯泡优势可能并不十分清楚，存在认知不足的现象，此时需要企业为他们提供整体解决方案，免除客户后顾之忧[251]。提升公共照明管理水平，节省维护成本，是智慧照明未来一个发展方向[252]。

第二篇

特定类型智慧建筑

第10章 智慧酒店

10.1 概况

面临着全球范围内持续的新型冠状病毒肺炎疫情和百年大变局，2020—2021年全球国际游客数量较新型冠状病毒肺炎疫情之前减少72%，而与此紧密相关的酒店和度假村行业承受着多重压力和严峻挑战。2020年全球酒店和度假村市场规模为6102亿美元，相对过去2016—2019年跌幅达146.9%。2021年随着疫情防控及新型冠状病毒肺炎疫苗的全球接种，酒店和度假村市场规模有所恢复。但在2016—2021年，5年的变化里，整体行业市场规模平均下降了4.4%[253]。

酒店数字化、智慧化正在为酒店行业带来新的变革，为疫情背景下的行业增长注入新的动力。未来酒店能够借助科技赋能实现更多的自动化和智能化。目前酒店智慧化经过最初阶段的发展，对不同场景下的智慧化服务要求越来越高，使用产业也越来越丰富，使用包括但不限于智能客房管理系统、机器人管家、VR体验、智能电梯系统等。但是酒店智能化不仅要考虑个性化体验，还要考虑增量成本和带来的效益。智慧技术能够有效提升能效、解决劳动力短缺等问题，比如智慧布草洗涤系统、发电机排序技术等。酒店行业已经开展了很多智慧技术尝试，但其智慧化进程仍然有很长的路要走。已有不少企业投入智慧酒店的建设，腾讯、阿里、苏宁等互联网企业也为智慧酒店的发展提供科技设备支撑，万豪、君澜、华住、如家等酒店企业持续创新并应用智慧酒店的发展模式，各方企业的投入带动着智慧酒店不断发展。73%的酒店经营者认为，酒店数字化转型落后于其他行业；近80%的酒店经营者认为酒店没有充分利用分析现有的运营数据[254]。不断上涨的智慧化技术建设成本、全球传染性疾病的不确定性及旅游限制，都一定程度影响了酒店行业智慧技术应用的进程。

10.1.1 智慧酒店的概念及外延

《饭店智能化建设与服务指南》LB/T 020—2013将智能化饭店定义为整合现代计算机

技术、通信技术、控制技术等，致力于提供优质服务体验、降低人力与能耗成本，通过智能化设施、提高信息化体验、营造人本化环境，形成一个投资合理、安全节能、高效舒适的新一代饭店[254]。《北京智慧饭店建设规范（试行）》对于智慧酒店的定位是利用物联网、云计算、移动互联网、信息智能终端等新一代信息技术，通过饭店内各类旅游信息的自动感知、及时传送和数据挖掘分析，实现饭店“食、住、行、游、购、娱”旅游六大要素的电子化、信息化和智能化，最终为旅客提供舒适便捷的体验和服务[255]。2019年，《物联网智慧酒店应用平台接口通用技术要求》GB/T 37976—2019定义智慧酒店通过应用先进的信息和通信技术，实现管理数字化、网络化和智能化的酒店[256]。这些标准规范中对于智慧酒店及其相近概念的定义都集中在运用物联网、云计算、移动互联网、信息智能终端等信息技术和智能化设备自动感知、及时传送和数据挖掘分析，以实现智慧营销、智慧管理、智慧服务、智慧建筑[257]。

智慧酒店常具有四个内涵：一是可持续发展，智慧酒店建筑基于绿色建筑，在建筑中采用大量的节能设备和措施，能够高效规划和使用内部资源；二是注重科技，智慧酒店依靠大数据、云计算、物联网、人工智能、可视化技术等进行全面布局，在各方面融入科技要素，提高建设、营销、管理、经营、服务的水平和效率；三是以人为本，智慧酒店以客户为导向，围绕客户需求，不断改进完善酒店管理平台、服务流程、环境设计等环节；四是高效便捷，智慧酒店以智慧化营销确定市场需求，智慧化管理调配内部资源，减少人力成本，借新兴技术满足客户需求，即时提供服务[258]。《旅游饭店星级的划分与评定》GB/T 14308—2010中对于四星级、五星级酒店建设（新建或改建）包含了智慧酒店的部分建设要求，比如数字电视、互联网接入、多媒体接入、会议通告、形成安排等功能的互动电视信息服务系统平台，电动窗帘、智能调光玻璃等。智能化已经成为高星级酒店的未来发展趋势。

10.1.2 智慧酒店的建筑体系架构

智慧酒店构建信息平台，凭借远程接收、传感器、视频监控等设备采集信息，依托物联网、大数据、云计算等平台将信息进行整合处理，利用输出设备将信息应用于酒店的客房区、前台区、休闲区、餐饮区等。智慧酒店各项服务设施的最终目的是提高用户体验，增加消费者的舒适感、归属感和体验感。通过梳理智慧酒店以顾客为中心的应用场景，可知其主要服务环节包括：

（1）酒店预订，顾客入住酒店前可通过电话、OTA渠道、酒店官网或微信公众号平台等预定酒店，也可同时预定酒店停车位。预定成功后，顾客将获取酒店位置信息、房间信息与车位信息。

（2）到达酒店，顾客可根据车位信息在智慧停车场泊车，进入酒店大厅办理入住，通常可以采用前台无纸化办理入住、大厅智能机器人或自助办理机等方式完成办理，电梯常采用RFID射频的无感控制，可自动停在房间所在楼层，顾客可根据指引到达预定房间。

（3）入住期间，顾客可根据个人习惯调节房间环境，享受酒店提供的各项服务。

（4）离开酒店，顾客可通过APP等系统自动退房，也可在酒店大厅办理退房，退房成功后，顾客通过酒店平台订车或根据车位指引信息前往停车场取车。与此同时，酒店的清洁机器人或工作人员前往房间进行打扫。

顾客的信息会加密储存在酒店的顾客信息管理平台，以便于顾客的下次入住，同时系统会收集用户的满意度反馈，以不断完善系统，提供更优质的服务[259]。

酒店工作人员分为决策层、中间层和操作层。决策层即酒店高层，依照有关法律、行政法规和政策规定行使决策权利。中间层即酒店中层管理部门，负责根据决策层所做的决定向下调度操作层，负责酒店的日常事务管理。操作层为酒店各部门员工，负责该部门的事务，直接服务于酒店顾客[260]（图10–1）。

智慧酒店的建筑体系架构为信息感知、处理、输出、应用四个层次（图10–2），最终应用于智慧酒店中的智慧安保、智慧消防、智慧家居、无人化运营、智慧医疗等多方面。

信息感知层常采用远程控制、传感器、视频监控设备、监测系统、生物识别等技术获取信息。信息来源主体包括用户信息与管理方信息两个方面。其中，用户信息包括用户的行为习惯，如用户对酒店环境的模式调节、出入酒店的时间、休闲区的使用频率、是否预定车位等。酒店管理方信息包括各系统的模式预设、可视化监控、管理信息的录入、突发状况的处理等。

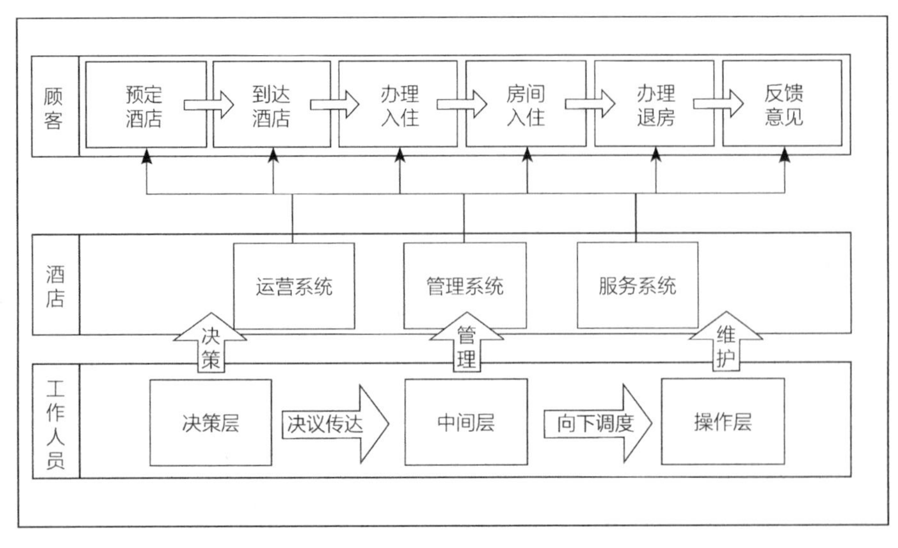

图10–1 酒店人员主体行为模式图

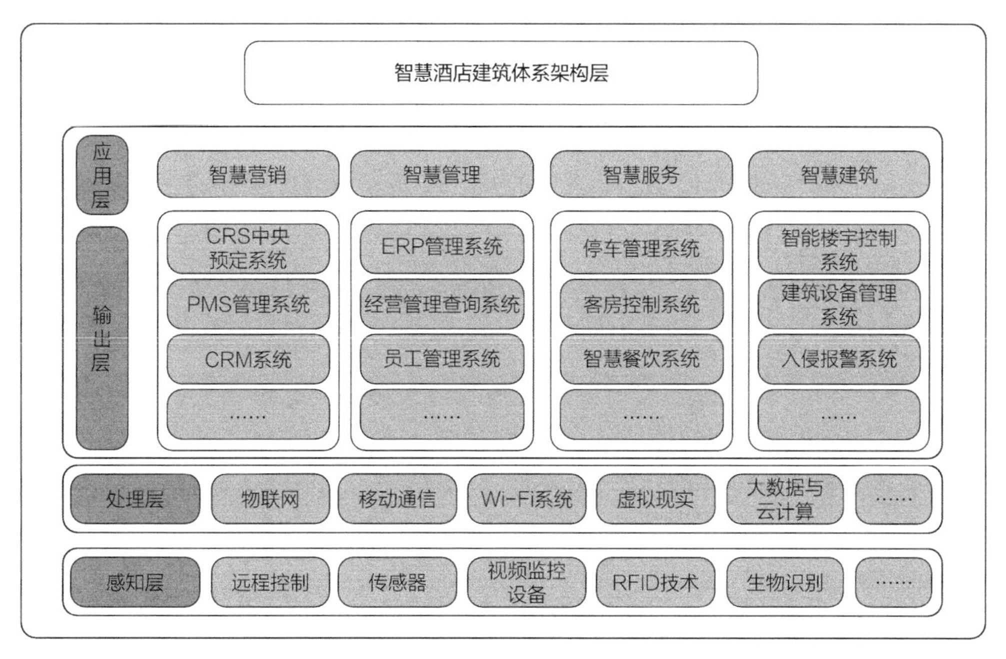

图10-2　体系架构图

信息处理层常利用Wi-Fi系统、5G技术、大数据与云计算、视频分析、BIM等技术，将数据传输、分析、打包、分配至各子系统，这是智慧酒店建筑的支撑技术。物联网技术也常被应用于智慧酒店中，在网络传输技术的基础上，应用于设备的移动端远程控制。就酒店的管理来看，酒店利用大数据进行信息处理已成为一种普遍的方式。大数据分析在酒店运营方面可以提高酒店的吸引力与影响力。在信息的传输过程中，智慧酒店常利用防火墙、权限设定、信息加密等手段，加强信息的保护，防止系统受到攻击，造成信息的泄漏。

智慧酒店的各项技术常应用于运营、迎宾、客房管理、安保等方面。系统将用户的相关信息进行收集、分析、深度学习、记忆，在系统内留存用户习惯，并能在用户归来或下次入住时自动调用。同时，智慧酒店将管理方设置的信息收集、分析、存储，形成一种半固定可调节的体系。智慧酒店建筑体系架构根据传感器感知采集到的信息，将数据信息交换或传输到平台进行加工计算，最后将信息输出应用于酒店的食、住、行、娱等方面。

—— 10.2 ——

大数据及云端存储技术

大数据技术具有数据体量大、处理速度快、数据类型繁多和价值密度低等特点，数据可视化分析是其中一个重要的发展方向。大数据技术能够帮助酒店综合分析多种来源的数据信息，包括预定信息、客户偏好、竞争对手价格、能源消耗、员工信息等，能够更好地帮助酒店经营做出准确的预测。大数据分析和云端存储分析两种技术相辅相成，能够为客户体验的各个应用情景（入住前查询预定、入住登记、离店等）、酒店各个部门（包括但不限于前厅部、餐厅、客房部、工程部、安保部、市场营销部、采购部门、财务部、人力资源部等）提供更好的服务价值。

云计算是计算机网络技术中的一项重要技术，本质是远程访问软件平台获得更强大的计算能力和解决方案，支持用户在任意位置获取服务型产品。智慧酒店中对云计算的应用主要体现在新一代互动服务平台，依托领先的现实技术、流媒体呈现技术和网络通信技术，实现电视、网络多媒体和交互服务的完美结合[261]。智慧酒店的楼宇运营管理平台、能源管理系统等常利用大数据和云计算进行数据分析，为智慧酒店的运营提供数据支撑。

案例　阿里云

阿里云主要为用户提供云服务器、弹性计算、云存储、RDS等服务，为200多个国家和地区的企业、开发者和政府机构提供云计算基础服务及解决方案[262]。菲住布渴酒店采用了阿里云智慧酒店管理系统，运用了阿里云大数据云计算及IoT技术，结合传统行业系统核心能力抽取（图10-3）。系统中PaaS层采用了深度算法和数据模型搭建了核心双中台：智慧酒店数据中台和业务中台；SaaS层最终实现了客户端的各个应用场景体验、酒店管理端的数字化管理能力以及智慧运营能力的提升，比如财务结算及对账自动化、对客服务能力在线化、经营管理移动化和办公协同线上化等功能。这套系统为菲住布渴酒店大幅提高了管理效率及员工效率，降低了前厅服务、销售预订、财务人事等环节的80%的人工成本。

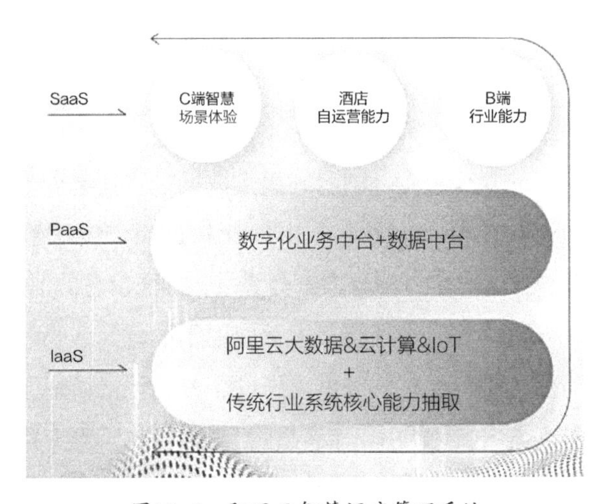

图10-3　阿里云智慧酒店管理系统

10.2.1　客户关系管理

基于数据管理平台的客户关系管理（Customer Relationship Management，CRM）系统

能够通过多渠道记录抓取分析酒店客户偏好的实时信息，真实有效改善客户关系，提升酒店效益方案。CRM系统通过记录客户在网络上提出的问题和需求、客户在逗留酒店期间的偏好等信息数据，集中处理分析海量的偏好数据信息，通过可视化的方式展示分析数据、帮助决策者后续管理，包括为客户定制个性化服务以及更有针对性的后续销售信息推送、针对存在问题比如投诉或者差评能够及时处理反应等。CRM系统收集客户信息需要注意客户隐私的保护，需要遵守相关隐私保护法律法规，谨防客户信息泄漏。

10.2.2　酒店声誉管理

通过大数据抓取分析技术，酒店声誉管理（Reputation Management System，RMS）系统能够克服原来的人手不足难以及时反应的问题，能够帮助酒店抓取多个评论和社交媒体平台上对于酒店的实时评价，提高网络客户评价的回复率，减少针对负面评价的反应时间，以减少网站负面评价、提高工作效率、提高客户满意度并转化为更多的酒店预订订单；生成酒店管理年度总结报告能够更好地改善员工表现及客户关系。

10.2.3　物业管理系统

基于云技术的物业管理系统（Property Management System，PMS）能够连接对内系统与对外系统[263]，能够协助客户通过多渠道多种设备查询客房状态、预订客房、登记入住、预定餐饮、查看留言等，酒店可获取顾客的预定信息、统计消费账单、实时客房管理等。客户可以选择不在前台进行登记，在手机上的PMS系统办理入住登记手续，抵达酒店时结合智能相机的人脸识别技术激活客户手中的手机钥匙，可直接前往预定房间。

案例　云PMS+RMS双轮驱动

云PMS+RMS的服务商为上海别样红信息技术有限公司，这是一家专业的酒店云管理系统、酒店收益管理系统以及酒店技术解决方案的服务商。2017年国内的云PMS市场相对成熟，PMS已广泛用于酒店的前台管理，致力于酒店的管理。在此基础上，别样红公司于2019年推出RMS，通过智能数据分析和挖掘，实现预测市场需求、追踪同行动态、捕捉市场热点的功能[264]。

10.3 人工智能、机器学习技术

人工智能（Artificial Intelligence，AI）技术允许机器学习大量的数据信息，识别数据集中的模式和关系，并为决策者提供即时甚至预测性的推荐和建议。机器人在发布前应该在酒店内部和外部各方进行多次测试，以调整其内容。AI需要集成现有的各个操作系统，以实现信息共享和功能调用。比如，酒店的内务管理解决方案可以集成员工管理系统、CRM系统和PMS系统等。

酒店中AI技术常见的应用类型，例如聊天机器人、语音自动虚拟助手，能够对客户偏好进行评估，制定个性化的创新营销策略，并节省大量人力工时。AI助手进行人工训练机器学习时可能有侵犯用户隐私的风险，请注意所在区域适用的隐私法规。AI需要从大量数据中识别有效模式，因此，酒店应尽可能多地吸引客户使用酒店的AI平台。AI无法解决所有的问题，需要与酒店员工进行配合才能工作得更好，特别是AI助手在机器学习阶段。

AI技术能够联合酒店的各个系统为客户提供个性化的服务和推荐，转化为新的或更优化的收入流；帮助各个系统运行过程识别存在问题和预测潜在故障，并提供可行的建议；推荐更加高效、节省运营成本的运行模式，允许员工在智能优化基础上进行人工调整；能够随着数据信息的积累和时间的推移变得更加高效和智能。

10.3.1 聊天机器人

聊天机器人是能够自动完成与用户的对话问答和帮助用户做出操作的程序，能够模仿人的语言习惯，通过模式匹配的方式寻找到问题的答案。酒店常用的聊天机器人多为任务导向型聊天机器人，针对的是封闭的专业领域知识，采用Pipeline和End-to-end的构建方式。机器人在对话过程中理解、澄清并生成对话。Pipeline构建采用模块化结构，包含自然语言理解（Natural Language Understanding，NLU）、对话状态追踪（Dialogue State Tracking，DST）、对话策略学习（Natural Policy Learning，NPL）、自然语言生成（Natural Language Generation，NLG）。苹果公司的Siri、微软的Cortana和小冰、IBM的Watson和阿里巴巴的阿里小蜜等都采用了NPL技术。对于酒店业务的专业封闭域中，聊天机器人的任务成功率、单次任务平均对话轮数、用户留存、用户活跃度等指标是重要的整体评价导向。基于大数据和深度学习算法，聊天机器人能够由大数据驱动，在对话语料库扩大和深度学习算法的优化中不断智能提升。比如谷歌对话应用程序语言模型（Language Model for Dialogue Applications，LaMDA），能够通过处理海量文本来建立对语言模式的统计学感知，有助于训练算法执行各种任务，如生成不同样式的文本、解释新文本或充当聊天机器人，可以有效改善以往聊天机器人那种死板冷冰的使用体验。

聊天机器人能够24h在线与客户互动，减少了客户等待时间，以人机结合的形式为客户提供更优质体验；用人工坐席10%的人力成本，解决85%以上的酒店服务咨询[265]，减少人工成本。聊天机器人还能根据CRM系统记录的客户浏览历史、搜索位置、行为偏好即时回答问题给予建议，个性化推荐酒店相关服务及产品，推送优惠、会员专享服务、娱乐消遣及餐饮服务等消费内容，促进转化。据相关数据显示，在酒店网站上利用聊天机器人提问的客户，直接在网站上预定的概率较平均水平高出3倍。

10.3.2　收益管理系统

收益管理系统（Revenue Management System，RMS）是企业信息管理的重要组成部分。酒店中的RMS能够有效连接客户、直销分销渠道和酒店PMS系统。市场需求分析是RMS系统的核心任务之一，RMS系统能够通过链接酒店PMS系统收集客史数据，以及RMS系统供应商为酒店提供的竞争对手价格、平均房价、房间出租率、细分市场等市场信息，进行市场需求分析。另外，结合AI和大数据技术之后，RMS系统还能够时刻监控内部数据（如酒店入住率、价格）和外部数据（如旅游业数据、竞争对手定价、市场需求）的变化，通过基于房价、需求量和收入三者的需求函数的价格弹性分析来进行客房价格优化，实现随市场需求波动的实时动态定价，以及基于优化排列组合、嵌套控制非线性曲线等模型计算的客房容量控制。AI通过对历史数据的不断学习，RMS系统就能够随着学习更加准确进行定价和模式的预测，更有效地节约人力，提高工作效率，实现收益最大化。

案例 香港ICON酒店未引进RMS系统之前，难以对行业发展及业务需求准确预判，无法规划人力运营成本、餐饮供应和能源开支。比如对于客房容量的规划不精准，出现标准客房超额预定情况，酒店只能提供免费的客房升级导致收入损失。自从引入基于AI和大数据技术的RMS系统，帮助酒店准确预测市场需求，并根据房间类型及库存进行最优动态定价，以实现总收入最大化。使用人工智能和机器学习，RMS将内部和外部数据（例如：竞争对手率、声誉评级、消费者OTA购物行为和整体市场需求水平）整合到其算法中。这有助于根据房间类型、细分时间、天数和入住时间，更准确地预测需求。ICON酒店还将RMS与会议和活动管理解决方案相结合，因此在收入管理、库存管理和运营管理决策时，针对三个重点区块（房间、会议和餐饮）做出统筹安排。应用RMS系统之后，ICON酒店在3个月内通过合理的客房容量控制，使销售价格较高的俱乐部和套房的收入同比增长4.51%；通过实施动态定价，平均每日房价增长7.35%；RMS系统承担了大量复杂繁多数据录入分析工作，财务团队每天节省了2h工时[265]，酒店能够提供更优质的服务。

10.4 物联网技术

物联网（Internet of Things，IoT）是将物与物链接的网络，通过数据信息的交换和分析，将人与物、人与人相连接。在酒店中物联网的应用能够将安防监控系统、能耗管理系统、室内环境控制系统、智能家居等物体都链接在一起。物联网能够为客户创建更加个性化的使用体验，包括欢迎办理入住场景、全自动客房设置、高效性能运行、预测性维护及更多有针对性的应用。

在应用物联网设备时，需要综合考虑客户入住使用场景来确定完善的工作流程，进而进行基于物联网技术的设备系统集成，来实现各个系统的高效整合。需要在整个酒店内安装足够的传感器才能够实现高度集成的解决方案。物联网设备电源需要考虑保持定期维护。如果使用电池直流供电，应考虑电源提高维护频率。注意考虑建筑的死角问题，可能会导致无线网络覆盖盲点，影响设备之间的通信。传感器监控数据存在一定的用户隐私风险，设计安装时需注意适用的隐私法规。对于手机APP等软件设备的安全性也需要注意。

10.4.1 集成入住服务系统

在客户抵达智慧酒店时，能够通过传感器、物联设备、移动设备等实现：

（1）办理入住：通过手机APP、面部识别技术及视频分析技术，能够实现大堂内迎接客户到达的自动问候、手机自动办理入住、感应寻路引导及路灯激活、手机自动激活电梯使用及电子钥匙卡激活等入住程序，无需到前台办理即可实现私密性、便捷性入住，提升客户的入住体验。

（2）逗留期间：通过手机APP及传感器，可实现根据客户需要自动引导前往大堂、娱乐中心、停车场或厕所等，并自动激活夜灯等标识；客户在餐厅或水疗中心等设施范围内活动，手机APP可以推送有针对性的个性化营销促销活动信息。比如贝尔信智慧酒店采用双向信息发布系统，可自主为客户推送相关信息，实现双方互动。在咖啡厅、健身房、游泳池等公共场所，客户还可享受到酒店的各类定制服务[266]。杭州黄龙酒店具有智能会议管理系统，能够实现会议的自动签到，并可自动统计出席和未到人数，对参加会议的VIP

客户以短信的形式表示欢迎和问候，在会议结束后，智能会议管理系统会自动统计参会人员在各个区域的活动时间，方便主办方做后期分析[267]。

集成入住服务系统，能够减少因语言障碍增加的沟通成本，简化工作流程，为客户提升更加个性化的入住体验，及时解决客房设施故障节省酒店的人力工时，增加目标营销收入。

10.4.2 智慧客房

面临着日益严峻的行业竞争，酒店为了脱颖而出，需要为客户提供更好的客房住宿。客房的自动化和个性化能够为客人提供更舒适的住宿，也更耳目一新。例如室内光环境调节，目前很多智慧酒店通过使用光传感器感知室内和室外的光照强度，由物联网根据设置的目标指标值自动调节室内照明系统。借助物联网技术及客户住店的历史数据，为客户住店设置个性化安排，使他们的住店体验增加了更多的个人色彩。例如，物联网平台可联动CMS系统，记录客户住店期间的具体喜好，并在下一次入住时自动为他们设置个性化安排，如喜欢的电视频道、适宜温度、灯光调节等。厦门凯宾斯基大酒店具有客房管理系统，能够将不同电气设备加入相应场景进行控制，每个场景例如日常、阅读、会客、观影、失眠等，都会根据客户的需求进行控制，并可由设置在床头、门口、卫生间等地的显示器面板进行调节[268]。

1. 热湿环境控制

室内的热舒适性环境，以热舒适度（Predicted Mean Vote，PMV）指标为例，与室内温度、湿度、风速、人体新陈代谢率、着装服装热阻等因素有着复杂的非线性关系[269]。传统的温度控制系统需要人工调控，能耗大且难以依据需求实现实时自动调节，容易引发空调病等人体健康问题。而基于大数据与云计算、物联网技术等信息通信技术的智慧酒店热湿环境控制属于环境感知系统的一部分，其利用传感器、监控设备等硬件设备，对酒店房间的温度、湿度及室内空气质量等主要指标进行感知与控制，能够系统地根据室内热舒适度和客户体感喜好自动调控。

采用物联网技术，环境感知系统针对室内热湿环境进行预测、控制、仿真模拟，实现对空调、通风、室内外空气质量监控系统等设备联动控制，能够依据用户舒适度需求自动调节各相关设备指标，系统提升用户对热湿环境的满意度。

智慧酒店采用的温度控制系统一般可根据室内外天气与温湿度变化调控房间的温度至预设值，也可依据顾客的体感习惯温度对房间内的温度进行控制。酒店常通过监控系统与传感器获得房间温度的反馈，并通过天气预报等对房间温度进行预判，向顾客提出调温建议。顾客通过显示设备得知房间环境的基本信息，必要时利用移动终端设备或酒店设备对温度进行手动调节。

酒店的冷热源控制系统是酒店温度调节的关键，其控制主机可使用串口或继电器对酒店的空调、地暖等控温设备进行控制，并通过温度传感器得到的酒店室内温度情况进行分析，再由继电器给出的信号来控制空调或地暖，将室内空间的温度调节至体感舒适水平。

昆明文化酒店采用海尔物联同时冷暖多联机控制室内温度，能够根据当地实时的气候参数、客户的使用习惯以及人体的体温感知来自动调节温度，可在客户于酒店前台办理入住时提前启动，并在客户通往客房的路上实现室内温度的调节。当客户退房后，物联同时冷暖多联机还会自动关闭。此外，其还可实现语音控制，具备智能人感功能，可通过室内人感传感器实时感知空间内人体的活动状态，将相关数据实时上传至物联云平台，进而智能调控室内机运转，满足不同房间冷暖差异化需求。海尔物联同时冷暖多联机具备自动低速保温运转功能，可使能耗降至最低[270]。

智慧酒店中采用的新风系统是用来改善室内空气质量、净化空气的智能家居系统。住房和城乡建设部在《供暖通风与空气调节术语标准》GB/T 50155—2015中对新风系统的定义是：新风系统是为满足卫生要求，弥补排风或维持空调房间正压而向空调房间供应经集中处理的室内空气的系统，能够将室外的空气通过过滤、净化、传输至室内，为室内提供新鲜的空气，满足室内的换气需求[271]。

新风系统的设备端可以监测空气中的$PM_{2.5}$、温度、湿度、二氧化碳浓度等多项指标，并将数据上传至信息平台，还可过滤空气中的$PM_{2.5}$。其服务端可以实现数据的接收与传输，监测设备的运行。目前我国的新风系统普及率较低，但市场潜力巨大，2017—2019年销售数量分别为86万台、106万台、146万台，复合增长率超过30%[272]。

在酒店中，中央空调侧重于房间内温湿度的调节，而新风系统侧重于室内外通风。通过中央空调与新风系统的联动来控制房间的湿度，可以为用户提供一个更加舒适的环境。国内已有许多酒店采用新风系统进行通风，三亚亚特兰蒂斯酒店配备新风系统且覆盖率超90%，空调与门窗连接，在门窗打开时空调可自动关闭，有效节约能源。

2. 影音集成控制

智能的影音集成系统能够成为酒店的特色，提高酒店的竞争力。常见的影音集成设备有国外亚马逊最早提出的Echo音响和Alexa虚拟助手，国内的语音对答系统有阿里旗下的天猫精灵和小米公司的小爱同学等。智能音响设备可实现语音对答和通过语音控制音视频切换、房间环境调节等功能。阿里巴巴旗下的菲住布渴酒店、杭州黄龙酒店、君澜酒店等多家酒店都采用了智能音响设备。

除了智能音响设备，影音系统的控制设备包括但不限于投影、AV功放、蓝光播放器、电动窗帘、灯光调光、游戏机、KTV设备等。酒店中的影音集成控制除了能提高用户对智能家居的直观感受，还可连接外设的大荧幕、体感装置等，增设体感游戏，满足用户的娱乐需求。在桔子酒店的小型影音室内，顾客可以利用蓝牙将自己的设备连接到房间的高保真音响系统，播放自己想看的影片，通过语音控制其播放广播、音乐，甚至可以进行简单的聊天。

3. 医疗健康辅助系统

智慧酒店建筑可根据客户的身体状况和健康状况，利用互联网等技术，为客户提供个性化的健身设备，也可以使用智能镜像等智能技术，监测客户的心率。智慧型酒店还可以对顾客进行健康监测，并与区域卫生信息平台对接，实现信息互通，为顾客的健康提供更多一层保障。

不同酒店采用不同种方式为顾客的健康提供保障。美国美高梅酒店设置42间健康房间，在房间配置无菌涂层，在喷淋水中注入维他命[273]；国内维也纳酒店打造了一套完整的酒店客房助眠生态系统[274]。还有些酒店可以利用智能床垫收集客户的睡眠质量信息，通过智能手环获得顾客的运动信息等。

随着“旅居养老”“度假式养老”“智慧养老”模式日益成熟，人们的生活水平不断提高，候鸟老人的数量不断增长，市场也涌现出一批兼具医疗救护保健、文化娱乐、生活托管、康复疗养等全方位服务的一站式酒店[275]，能够满足老年人的养生养老需求。尤其是结合酒店的智慧家居系统，在老人看护、健康监测等方面起着重要的作用。比如有些酒店中已经安装基于Android系统的智能健康设备，用于记录老人日常的身体数据，这些智能健康设备可通过传感器、物联网等技术在老人跌倒、受伤时发出警示。

10.4.3　高效运维及预测故障

物联网技术结合计算机建模技术，使酒店建筑里繁多的设备实现故障自动报修、预防性维护成为可能。借助种类多样的传感器，建筑智能化平台可自动识别危险趋势，在问题升级之前发出警报，并联动员工管理系统安排人员进行适当的维护。由于在没有物联网的情况下，人工检查大量的设备成为一项困难而繁琐的任务，物联网技术实现的实时监控设备状态和预测性维护发挥了至关重要的作用，能够对哪个设备在何时需要维修进行高度准确的预测，只在需要维修的地方和时间集中人力，提高了酒店运维的效率，节省了大量人力。

1. 能源管理系统

能源管理系统主要基于物联网云平台和监控系统，对多种能耗进行监控，以达到节约能源的目的。酒店通过建立能源管理系统（图10–4）对酒店内的水、电、热、气等能源进行实时监控，根据所得数据分析能源消耗的高峰和低谷，有针对性地提出节能降耗的改进方案。通过能源管理系统进行冷热源控制是实现能源节约、降低消耗的关键之一。通过负荷预测、运用节能控制算法、加强能源管理运行数据监测，让建筑处于部分负荷时或仅部分建筑、部分人使用时，能根据实际需要提供恰当的能源供给，不降低能源转换效率，

图10-4　酒店能源管理系统

并能够通过优化的算法实现更优化的节能运行。美国一绿色酒店可以统计客户住店期间的水电量，通过与平均消费量相比，对客户节约的部分给予现金返还。海南省三亚市多家高星级酒店均配备有控制能源的BA系统，能够通过BA系统查看、控制水热光能源，例如，可通过BA系统查看房间的空调、灯光是否打开，空气源热泵是否正常运作等。

案例　新加坡酒店物联网管理技术应用

新加坡酒店借助物联网传感器实现了房间设备控制、电子客房管理和门锁均能与酒店的PMS系统联动。客房的设施运行状态，比如灯、保险箱、锁和空调等，都由智能管理平台进行实时监控和障碍保修，而不是由工程部员工进行物理例行检查。客房还能够根据客户的喜好，自动调整房间设施设置，例如照明系统、窗帘、空调系统、新风系统等。客房内设置运动传感器可以检测客房是否被使用，实时更新客房状态并及时通知保洁进行客房整理。借由物联网技术，酒店还能实现远程更新钥匙卡和锁的状态，这样客户不再需要前往前台重新激活钥匙卡状态。在客户门锁发生问题时，酒店安全部门也能够实现远程开锁等应对措施。

结合物联网技术，该酒店节省大量的人力工时。照明系统和门锁系统自动检测和自动报故障帮助工程团队节省平均每天5.19h工时，自动更新客房状态和发送清扫需求节省客房管家和保洁团队平均每天1.5h工时，自动门锁管理节省了酒店前台及安全部门平均每天45.4h工时，及时的客房维护有效增加了客户的满意度，减少了客户因入住有问题客房而导致反复问询投诉要求。

2. 电梯控制系统

智慧酒店建筑的电梯控制系统会设置权限管理，具有酒店权限的顾客和工作人员可通过RFID技术自动识别旅客房间卡信息，实现自动升降至旅客所在的楼层，远程呼梯、自动呼梯等功能，而不具有酒店权限的外来人员无法对电梯进行任何操作，以此来达到安防和节能的目的。虽然电梯拒绝无卡进入电梯者的任何按键操作，但访客可以联系酒店管理人员拿到临时权限进行电梯的使用[276]。有些电梯控制系统还能够与其他系统进行联动，如在监测到顾客走出房门后，电梯便可以自动到达该顾客的楼层，改善顾客的体验。

大部分智慧酒店会设置电梯控制系统，例如阿里旗下的菲住布渴酒店采用无感梯控，机器人利用人脸识别确认客户身份后引导客户前往电梯，电梯内的无感梯控系统会识别客户的身份并到达相应的楼层[277]。

电梯控制系统安全和节能的特点，使酒店变得更加高档、更加智能化，并有效节约了电梯运行能耗，延长了电梯的使用寿命。

3. 安防系统

安防系统是智慧建筑的一个重要组成部分，随着安防设备网络化发展，视频监控、门禁和防盗功能进一步的融合，其集成化也是防盗报警设备等安防设备的主要发展趋势[278]。智慧安防系统的最大优势在于安防系统能够与主系统互联互通，处理信息更加灵活可靠。通过搭配继电器扩展模块，在报警的同时开启灯光警示、联动摄像机跟踪摄像等。安防系统能够给各种安防摄像头发出指令，控制酒店中的任意监控设备。基于物联网的酒店智慧安防系统能够实现对固定资产的保护、定点监测和区域防范工作，通过在贵重易携带和移动物品上放置电子标签、在物品的放置位置上布设感知设备，开启实时监测，可以实现在物品离开指定位置时立即报警，并通知附近的安保人员[279]。

安防系统还可以联动灯光、电动窗帘、背景音乐、门禁、金属外遮阳、监控等系统。当报警传感器与智能锁被整合到智慧家居系统中时，通过各系统联动可以一个指令完成多个任务。当异常状况发生时，报警器报警、警报器响起、灯光亮起、监控智能化调整，门窗关闭上锁、并通知警务人员尽快赶到处理。

安防系统中还包含报警系统，可对人员安全状况进行报警。报警系统接入管理平台，将所有报警按级别类型进行划分，并结合三维模型与监控系统进行展示与跟进，提高报警效率，报警系统也可针对酒店设备进行报警。

随着全国综合气象信息共享系统（China Integrated Meteorological Information Sharing System）在全国范围内的逐步推广和应用，灾害性天气的监测与报警有了数据依托，该系统能够承担起实时气象资料监测、灾害识别阈值管理、信息处理与分发、灾害性天气实时展示（GIS）、灾害性天气历史资料检索[280]五大业务功能。部分酒店会根据全国综合气象信息共享系统推送的灾害性天气监测与报警数据，为顾客提供天气信息，在遇到灾害性天气时向顾客发出预警，保护顾客的人身财产安全。

安防系统还包含报警终端、摄像头、号角喇叭等设备，具备集成音视频报警、视频监控和广播喊话等功能。酒店配合旅游行政实现在线监管，实现对旅游数据的及时上报，完成上下旅游信息的对接。在面对突发情况时，部分智慧酒店的安防系统疏散逃生功能，可以帮助人员疏散和救援，并能够显示疏散和救援的位置和画面。

智慧酒店建筑功能强大、内部设施繁多、管线密布，加大了火灾发生的概率，故加强建筑的火灾监测，并与消防系统联动成了建筑消防的重要手段。我国智慧消防正处在发展初级阶段，各地都开始了智慧消防的建设，智慧消防的技术也在不断优化提升。

基于阿里云的智慧消防系统加上了低功耗的广域网技术，综合了物联网云平台和智能终端的优点，充分利用智能技术、远程无线通信技术和云计算技术，扩大了消防管理的广度与深度，形成了一个新型高效的智慧安防系统，可以在火灾监测、预警、灭火救援、消防设施的维护保养等方面发挥重要作用[281]。

智慧消防有两个重要组成部分，分别是智能化终端设备和云端的物联网平台[282]，具备报警与探测、消防广播等功能。其中的报警与探测功能一般都具有稳定性和抗干扰能力，利用BIM技术为智慧消防的管理提供一个三维可视化形体和数字环境，能够将火灾发生的位置、人员疏散的路径、被困人员的位置以及消防人员的营救路径都通过三维可视化的方式模拟出来，实现可视化的智慧消防监控及预警工作[283]。

智慧消防系统还可以自动探测建筑物中的火灾隐患，及时发现火灾隐患，并消除隐患。例如，在客户熟睡忘记给大功率设备断电时，系统通过监测可自动断电，防止在夜晚发生火灾；当电器温度过高时，系统可发出提醒，提醒客户关闭设备，在必要时给设备断电。部分酒店采用门卡供电，当客户取走门卡一段时间后房间自动断电，避免客户不在时，大功率电器长期启动发热，造成电器故障，甚至引发火灾。

消防广播功能根据探测得到的信息，利用消防广播向火灾发生区的人员发出信号，指导人员疏散和撤离。同时，联动系统分析传回的火灾信息，立即启动灭火设施，切断建筑物电源，打开应急电源，防止火灾扩大。与此同时，联动启动消防电梯，确保消防通道不被阻隔，辅助火灾区域人员的撤离[284]。

10.5

建筑信息建模技术

酒店中设备装置、资源、人员、财务等管理工作繁多。传统酒店的资源管理、财务管理、人员管理、安全消防管理、门禁管理、客房照明系统、门锁系统、电梯系统等各个子系统都各自为政，形成信息孤岛，造成大量重复性工作，效率低下。对于现代化酒店的发展，不光考虑物资采购、库存和销售信息集成，还要与时俱进，将设备装置、员工管理、客户关系维护、财务信息、安防信息等子系统全方位集成。建筑信息建模技术（Building Information Modelling，BIM）相对于传统企业资源规划软件（Enterprise Resource Planning，ERP），充分利用数字化技术，建立虚拟的建筑工程三维模型，用以传递共享、管理建筑整个生命周期过程中收集的建筑信息。

10.6 虚拟现实

酒店需要以多种形式推广其场所，而虚拟技术能够非常好地突出其所拥有的设施和体验效果，令人如"身临其境"。虚拟现实（Virtual Reality，VR）技术是指计算元件在虚拟的基础上，通过计算机生成模拟影像对现实世界进行现实增强。利用虚拟现实营销手段，智慧酒店可以实现线上线下相结合的运营方式，实现在建筑中增加用户虚拟化体验，或通过互联网模拟酒店实景吸引用户，灵活实现资源计算与动态分配等功能。以迪拜亚特兰蒂斯酒店的VR服务为例，在客户决定是否预订之前，就能够实时探索千里之外的酒店房间。VR技术通过模拟图像、声音和感觉，客户借助VR头盔能够沉浸在一个想象的3D环境中，体验人工世界，甚至与虚拟物品互动，实现虚拟功能。

10.7 机器人技术

随着科技的工程和计算机科学的交融发展，科幻作品中的未来虚构场景正慢慢成为现实。越来越多的机器人被应用在酒店业中，机器人不光能够自主运动，复制人类行为完成琐碎而重复的任务，并能够基于数据的分析提出更好的优化措施。

现有酒店服务机器人有多种，应用范围很广，可以用在运输、保安、清洗等方面。例如，应用于安保的机器人在大厅走廊等地方巡逻，将摄像头拍摄的情况上传到服务器，并可根据工作人员的指令对异常情况做出反应；应用于服务的机器人通过读卡、语音、触控等操作获取信息，然后根据激光雷达或地图信息进行定位，到达指定位置后提供服务。Savioke公司生产的Relay机器人，能够为酒店的房间运送牙刷、毛巾和其他物品，并安装了具有视物功能的视觉软件[285]；世贸酒店携手云迹科技于旗下酒店启用全新酒店商用服务机器人，为客户办理入住、退房、提供送餐等服务[286]；杭州黄龙酒店利用机器人帮客户存取行李等。另外许多机器人借助语音识别、人脸识别等技术，提供早餐自助餐等餐食烹饪服务。例如国外智慧酒店在餐厅和酒吧使用全自动化技术和面部识别技术，客户可以用机器人服务器下订单，由机器人厨师烹饪，由服务机器人送达。

机器人应用在酒店接待工作中，具有很多好处，包括但不限于能够提供多语种服务，克服语言障碍；保护客户隐私，提供更有安全感的体验；简化工作流程，节省人工提高效率。

案例　新加坡香格里拉东陵今旅酒店

新加坡香格里拉东陵今旅酒店（Hotel Jen Tanglin Singapore）在未引进服务机器人之前，所有酒店客户送货的要求均由员工跑腿完成。当员工需要同时处理多个请求时，很容易出现送货延迟的情况，让客户的入住体验大打折扣。酒店引入前台送货机器人后，专门由机器人提供送货服务和半夜送餐服务。员工上传所需要送达的物品、房间号码，机器人能够独立将物品送到指定的房间。机器人即将到达房间前会自动电话呼入房间，然后返回前台继续其他送货服务或回到停靠站给电池充电。机器人服务的引入大大减少了人类员工工时的消耗。在高峰时间内，17%的送货服务能够交付机器人处理。客人对机器人送货服务表示出更强的好感。人类员工能够抽出更多时间从事更高价值的工作，为客户提供更有个性化的服务。要注意的是，使用机器人之前，必须对其行进路线进行检查，确保没有可能阻碍机器人移动的窄巷、弯道、台阶或不平整的地板等障碍物。

—— 10.8 ——
生物特征识别和视频分析

生物识别技术用以进行识别或身份验证，是对视频分析的补充，后者通过数字分析大量的视频输入，将其转换为进行决策的数据。生物识别技术通常用于区分对象和实时识别行为或动作。智慧酒店建筑常使用的门禁系统包括密码式门禁系统、刷卡式门禁系统、生物识别式门禁系统。生物识别门禁系统利用人类自身固有的生理或行为特征进行门禁验证[287]，包括但不限于人脸识别、指纹识别、虹膜识别、掌形识别、声音识别等。杭州黄龙饭店便采用指纹门禁与指纹考勤。生物识别也可通过两种或多种组合形式，构成复合生物识别的出入门禁系统。目前，部分酒店采用了复合生物识别的门禁系统，如指纹识别和面像识别门禁系统、虹膜和指纹识别门禁系统。生物识别技术能够智能进行示踪，并实时为客人导航提供便利。例如当客人带着行李离开酒店退房时，能够自动通知客房管理部门，减少排队队伍长度，为客人节省时间，简化工作流程以提高效率。另外，人脸识别还应用在智慧酒店的其他方面，比如餐饮部配有的点餐机器人服务。例如，阿里旗下的“菲住布渴”酒店，便采用点餐机器人，利用人脸识别计费，减少人工成本，提升客户体验[288]。

案例 Swissôtel The Stamford酒店

Swissôtel The Stamford酒店拥有超过1200间的酒店房间，因此在入住的高峰时间，前台接待处经常会排队。该酒店设计了自助入住退房办理区域，增加了基于人脸识别和光学字符识别技术的自助入住退房办理设备（图10–5）。自助入住退房办理设备通过扫描护照等自动填写注册信息，并完成订单检索、信用卡预授权、证件人脸识别等功能。由此，大大改善前台排队的情况，节省了客人的时间，减少面对面的互动，减少传染疾病概率。

图10–5　新加坡Swissôtel The Stamford酒店自助入住退房办理区域

10.9 系统与产品

10.9.1 系统与产品概要

本节主要介绍部分可应用于智慧酒店的系统和产品，根据产品的特点介绍系统和产品适用场景。

国内外有许多智慧酒店管理系统的设计，包括公司、高校以及酒店自身等，同时还推出可应用于酒店的智慧产品，知名的有阿里巴巴、海信、沈佳康、联想、美的、万科、小米、海尔、LG、伊莱克斯、惠而浦。还有许多专营环境控制基础设施的公司，例如门禁系统的知名品牌有捷顺、达实智能、霍尼韦尔（Honeywell）、西门子、HID Global、博世安防、DDS、中控智慧、同方锐安、科松等公司[289]；新风系统的知名公司有麦迪龙、格莱信等。下面将分别介绍智慧酒店的适用系统与产品。

10.9.2 智慧酒店管理系统

1. UIOT物联网酒店系统

UIOT物联网酒店系统是紫光物联公司推出的一整套智慧酒店解决方案，用户通过UIOT物联网酒店系统可以直接使用手机订房并支付，系统可自动为用户分配房间，减少第三方平台佣金和酒店人工成本[290]。

2. APOLLO智慧传输云端可视化运维平台

由丰润达2019年发布，该平台被称为全栈式赋能智慧酒店系统解决方案、一站式智慧家庭解决方案，携手国内外三十多家安防行业、智慧家庭、智慧酒店合作伙伴签订了VIP战略合作协议[291]。

3. HORED智慧酒店系统

同属于丰润达，能够在智能化降低成本上满足酒店业需求，也能在经营导流上切实实现运营效益。

4. 云PMS+RMS双轮驱动

智慧酒店管理系统是其中最为重量级的产品之一。多家公司都开发了系列的酒店管理智慧产品，比如UIOT物联网酒店系统是紫光物联公司推出的智慧酒店整体解决方案，用户通过UIOT物联网酒店系统可以直接使用手机订房并支付，系统可自动为用户分配房间，减少第三方平台佣金和酒店人工成本。APOLLO智慧传输云端可视化运维平台和

HORED智慧酒店系统是由丰润达2019年发布的全栈式赋能智慧酒店系统解决方案、一站式智慧家庭解决方案。别样红PMS+RMS双轮驱动系统是别样红公司于2019年开发的，能够提供基于酒店服务的多场景解决方案，包括渠道智联、移动全流程自助服务、移动PMS、电子房价牌、电子发票、智能收银、酒店餐饮、微信订房、微信小程序、智慧场景对接，还能够通过智能数据分析和挖掘，实现预测市场需求、追踪同行动态、捕捉市场热点的功能[292]。

10.9.3　环境设备

1. Philips Hue 灯泡

Philips Hue 灯泡被称为“世界上最聪明的LED灯泡”，是飞利浦（Philips）公司的产品，具备LED调光、Wi-Fi无线控制、智能化场景以及APP应用等功能。同时，进入中国市场的Philips Hue相继发布了便携摩灯、无线控制器与二代桥接器等产品。

2. Nest恒温控制器

Nest恒温控制器可以自动管理控制空调与取暖设备的启动、调节与关闭，同时可以根据用户的行为，统计、分析、学习用户的习惯，在恰当的时间服务用户的需求。例如该设备可以在主人睡觉时调到一个合适的温度，在主人不在家时降低运行能耗等，以适应房间主人的生活规律和习惯。

10.9.4　网络通信产品

阿里云是阿里巴巴旗下的一款互联网产品，主要为用户提供云服务器、弹性计算、云存储、RDS等服务，为200多个国家和地区的企业、开发者和政府机构提供云计算基础服务及解决方案[293]。

10.9.5　智慧家居产品

1. 智能音响

智能音响可选用阿里家与飞利浦合作的智能无线音响“小飞”，该音响具有远场语音识别、银屏平台内容、阿里智能APP操控，同品牌多房间的同步播放Multi-Room技术等；还可以选用京东和科大讯飞的叮咚智能音箱。

2. 智能开关面板

智能开关面板代表品牌与产品包括：鸿雁的思远系列和微智能魔法盒、施耐德的奥智系列、Control4的ZigBee（零火）和RS485总线、罗格朗的奥特和奥特BT、ABB的i-家和Free@home等。

3. 智慧门锁

智慧门锁3.0为万佳安与腾讯云联手打造的一款门锁，能够通过实时视频查看门外环境，门锁的智能猫眼可实现离家防护开启、回家看护关闭的快速切换，同时拥有强大的数据对比功能，根据大量有效数据能够自动识别陌生访客和多次来访亲友的身份信息。

4. 智能酒店服务机器人

Savike公司的Relay机器人能够感知人的移动，还可以自动为酒店运送牙刷等物品；波士顿动力发布了Atlas机器人，走路稳，能够运送箱子，完成大量复杂的工作，并很难被人类干扰；LG的Rolling Bot机器人，可以利用手机APP进行控制，并监测机器人所在空间的状况。

10.10 发展前景与展望

随着智慧技术的不断发展，智慧酒店建筑的功能也在逐渐扩展，其舒适性、便捷性、智能性、安全性、环保性都得到大幅度提升。智慧酒店作为智慧建筑中重要的一种建筑类型，其发展和改变也为智慧建筑的概念、设计和实现带来理念的革新。智慧酒店在传统酒店的基础上加入大数据和云计算、物联网、5G、虚拟化技术，以提高用户体验，完善基础设施，方便运营管理，保护隐私安全，高效利用能源。

第11章　智慧医院建筑

11.1 概况

智慧医院建筑利用物联网、大数据、云计算等技术，通过自动感知、泛在连接、及时送达和信息整合，具有自学习、自诊断、辅助决策和执行能力。智慧医院的建设突破了传统医疗的局限，不仅可以构建完整的医疗体系，提升医疗资源价值，为患者提供更优质的服务，还能推动医院的大数据发展，提升医院工作的管理效率。

2015年7月，国家发布《国务院关于积极推进“互联网+”行动的指导意见》，鼓励发展互联网医疗卫生服务，构建医学影像、健康档案、检验报告、电子病历等医疗信息共享服务平台，逐步建立跨医院的医疗数据共享交换标准体系；鼓励建立医疗网络信息平台，加强整合区域内医疗卫生服务资源[294]。

2018年4月，国家出台了《国务院办公厅关于促进“互联网+医疗健康”发展的意见》等一系列文件鼓励医疗机构发展互联网医院，提供线上线下一体化医疗服务；鼓励医疗联合体构建区域有序分级诊疗结构，推进远程医疗服务覆盖全国所有医疗联合体和县级医院。

目前，我国大多数智慧医院的建设模式可以总结为从局部信息化改造出发，向互联网变身、智慧化融合的总体目标迈进。2019年3月，国家卫生健康委员会发布了《医院智慧服务分级评估标准体系（试行）》，在功能和服务方面指引医院加强信息化建设改善患者就医体验，加强患者信息互联共享，提升医疗服务智慧化水平。

但在智慧医院建设过程中，仍然存在着顶层设计缺失、建设标准难统一、思维模式不清晰等问题并亟待解决。基于我国智慧医院建设发展现状和智慧医院建设要求，在此提出并介绍智慧医院建筑行为模型、智慧医院建筑体系架构的基本思路和相关智慧技术。

11.1.1　智慧医院建筑行为模型

智慧医院建筑是数字化医院发展的一个新阶段，其核心是以患者为中心，通过物联化对信息进行全方位自动采集，互联化对信息进行及时、有效地传输，智能化对信息进行决策支持与自动处理，进而促进医学模式、服务模式以及医疗需求之间等实现联系与转变。

基于智慧医院患者、医务工作人员等多主体的行为方式，构建了智慧医院建筑的行为模型图（图11-1），与后面构建智慧医院建筑体系架构图形成参照。当患者进入智慧医院建筑后，借助线上医疗服务在内的医疗信息系统，医生对患者进行初步诊断，后续就医过程主要可分为门诊服务和住院医疗服务。经过智慧医院检查确诊病情后，智慧医疗平台就可针对病情对患者进行就医导航：病情较轻的患者可以通过智慧处方系统等开具处方药进行药物治疗，主要在家中康复；病情较重的患者需要住院观察，慢性疾病患者则可通过定期复查并实时变更医疗方法，直至康复；重症患者则应当直接转至综合医院专科作进一步诊断并治疗，直至康复。在就医过程中，智慧服务平台与智慧管理平台贯穿其中，可以协助进行患者建档、办理挂号、预约、医药费充值缴费等多种手续；在患者康复后，智慧医疗平台也能协助完成远程随访工作。可以看出，在应用智慧医院建筑后，患者的就医过程更加智慧和高效，同时也能更大限度的节约时间和经济成本。

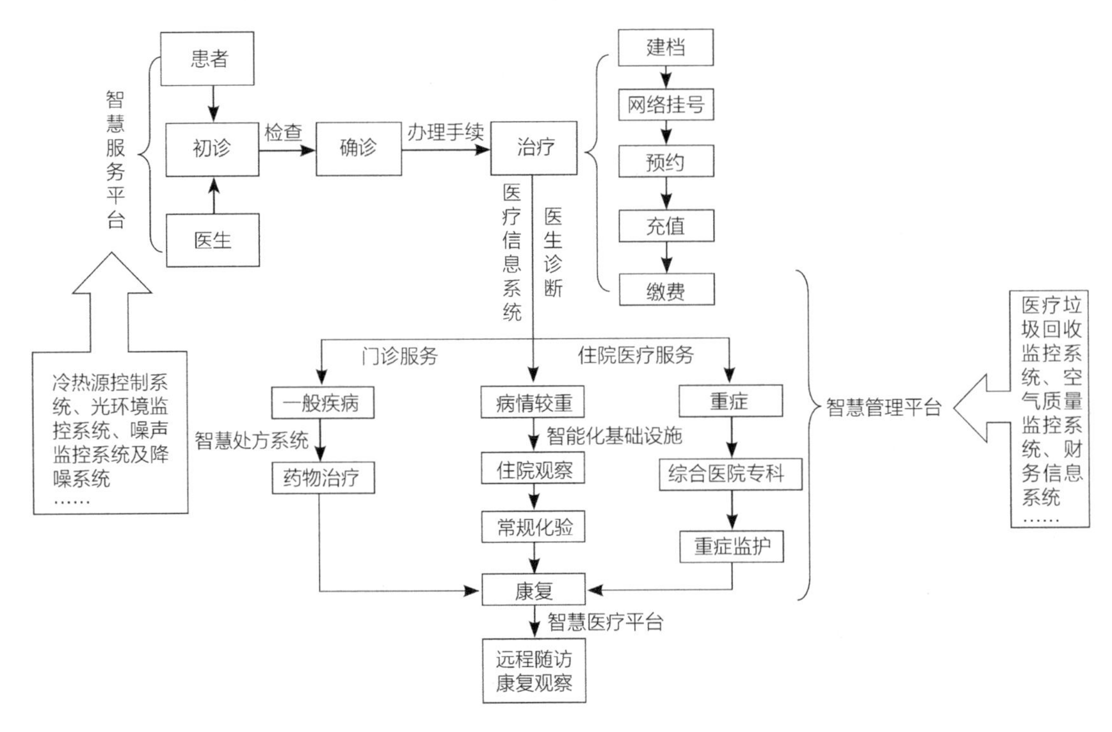

图11-1 智慧医院建筑行为模型图

11.1.2 智慧医院建筑体系架构

智慧医疗运用新一代物联网、云计算等信息技术，通过感知化、物联化、智能化的方式，与医疗卫生建设相关的物理、信息、社会和商业基础设施连接起来，并智能地满足患者和医务工作人员的需求。基于BIM的新一代智慧医院系统[295]是在物联网体系架构基础上发展起来的，主要由设备层、网络层、数据层和执行层组成，这四个体系构成了智慧医院建筑体系架构（图11-2）。

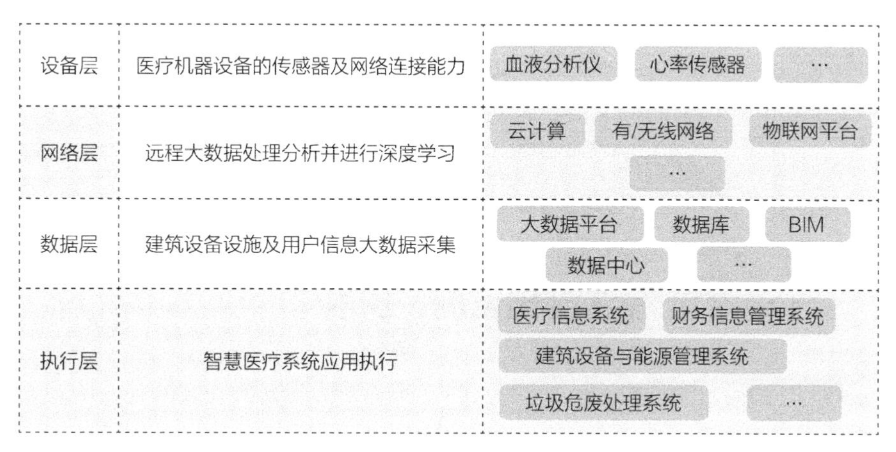

图11-2　智慧医院建筑体系架构图

1. 设备层——医疗机器设备的传感器及网络连接能力

设备层使智慧医院建筑物联设备血液分析仪、心率传感器、静脉输液智能监测仪等医疗设备设施更加智能，信息连接更加广泛。通过传感器，医疗设备设施数据连接到计算机上，实现对其的远程数据采集与实时监控。

2. 网络层——远程大数据处理分析并进行深度学习

网络层主要是对感知层感知到的信息进行及时传递并为应用层提供接口和数据分析。它获取的数据主要是通过无线网络技术和有线网络技术传输给高性能计算中心，并储存在容量很大的云计算服务器上，然后根据医院医生的应用需要通过超级计算机对医疗大数据进行处理分析。除此之外，智慧医院建筑体系架构图网络层中物联网平台占据重要地位，主要实现了全方位自动信息采集。

3. 数据层——建筑设施设备及用户信息大数据采集

数据层的功能主要是通过智慧医院中枢神经系统——大数据平台，记录和整合智慧医院建筑设施设备的基础信息，并把有关的数据存储在中央数据库中，以此来支撑医院楼宇的信息管理，为整个医院的设施提供空间信息、资产信息和基础设施设备信息等。此外，网络层还进行用户体验及健康大数据采集：一方面是采集用户体验信息并收集反馈，另一方面是将用户手机信息、个人智能手环等移动终端和物联网技术进行对接。感知层借助大数据平台实现对用户的体验感受、健康信息、环境信息等进行有效监管，例如患者在就医过程中的体验及其血压、血糖、血型、心率等基本数据的存储；还可以对患者过去的病例以及基因信息及时采集，例如患者的治疗记录、用药历史和敏感信息等。

4. 执行层——智能医疗系统应用执行

执行层主要是医生和患者对医疗信息的具体运用的具体操作层面，包括医疗信息系统、财务信息管理系统、建筑设备与能源管理系统、垃圾危废处理系统等技术。它主要是在对医疗大数据进行认知获取和深度挖掘的基础上，开展的具体应用及管理服务，为医院的信息化和远程医疗等提供了广阔的平台，为医疗全智能化的成功落地起到了关键作用。

11.2 基础设施、技术

11.2.1　信息资源及业务管理

智慧医院建筑医疗信息化系统[296]以云平台和5G作为技术支撑。云平台是互联网应用的基础，5G技术具有大带宽和低时延的特点，打破了互联网应用数据传输瓶颈，促进智慧医院向更高水平发展。云医疗系统和互联网业务系统等作为云端应用系统，物联网作为智慧感知和执行系统，大数据平台和人工智能作为智慧医院中枢神经系统，统一部署在云平台上。医院内网各业务系统既是当前业务的执行系统，也是云平台业务系统的支持系统，云平台业务系统与内网信息系统进行实时的数据交互，共同实现数据的智能采集、传输、处理和应用。

智慧医院建筑医疗信息系统主要由信息化应用设施层、信息服务设施层和基础设施层三大方面组成。信息化应用设施层和信息服务设施层包括公共应用设施、管理应用设施、业务应用设施、语音应用支撑设施、数据应用支撑设施和多媒体应用支撑设施六大主要方面的智能信息集成设施。基础设施层包括公共环境设施和机房设施两大方面。图11-3为智慧医院建筑医疗信

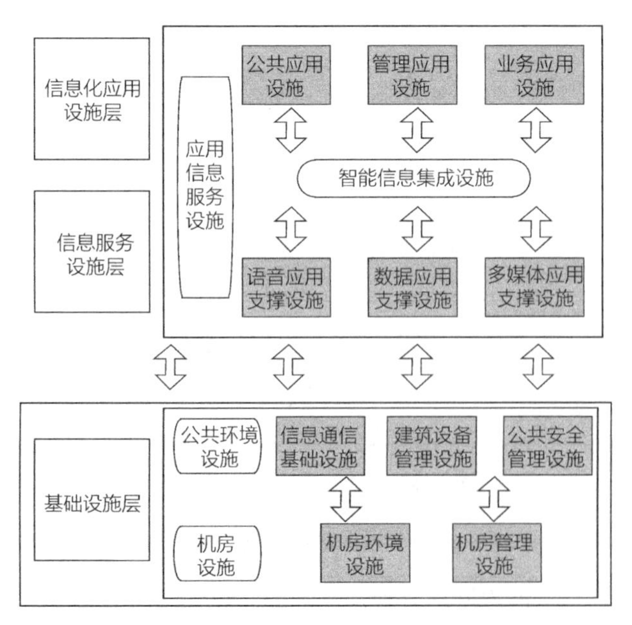

图11-3　智慧医院建筑医疗信息化系统架构图

息化系统架构。

智慧医院以医院信息集成平台为中心，连接各个业务平台数据。代替原来数量众多的点到点数据接口，为医院信息化建设提供统一的数据标准和接口标准，实现医院不同业务系统与集成平台的有效集成与信息共享，同时实现临床信息一体化应用，提升医护工作者工作效率及临床诊疗质量，建立临床文档库，存储医疗大数据，推进更高层次电子病历的应用水平，建立医院统一运营数据中心，实现医院有效的监管与科学的决策，逐步推进智慧医院建设的战略目标[297]。

医疗信息集成平台，也称为医疗信息管理系统（Healthcare Information and Management Systems，HIMS），其构建的目的是借助传感设备、移动设备等实现对医院患者数据的采集；通过对海量数据的存储和分析，实现对患者信息的辅助诊断，最终促进医院的信息化管理。因此，以淮安市第二人民医院智慧医疗信息管理系统[298]为例，智慧医疗管理系统分为三层：应用服务提供层、信息分析层、基础信息设施层。具体医疗信息管理系统整体架构设计见图11-4，其子系统及其应用如下。

1. 电子病历系统

电子病历（Electronic Medical Record，EMR）是对病人就诊记录、检查结果、诊断结论、用药记录等信息的电子医疗文件[299]。我国国家卫生部发布的《电子病历基本架构与数据标准》对于电子病历的定义为：医疗机构对门诊、住院患者（或保健对象）临床诊疗和指导干预的、数字化的医疗服务工作记录。电子病历系统是临床信息管理的重点内容，包含了病历概要、门诊电子病历、急诊电子病历、住院电子病历、健康体检记录、医嘱、手术记录、护理记录、转诊记录、数字化影像等医学信息。

英国国民医疗保健系统（National Health Service，NHS）于2002年开始国家信息项目项目实施，能够实现线上预约、电子病历查询、电子处方服务、数字化图像存档和通信系

<table>
<tr><td rowspan="9">总体架构</td><td rowspan="2">应用服务提供层</td><td colspan="3">服务方式</td></tr>
<tr><td>应用服务
辅助诊断、生命体征监测</td><td>平台服务</td><td>基础设施服务</td></tr>
<tr><td rowspan="3">信息分析层</td><td>数据分析接口</td><td colspan="2">数据挖掘引擎</td></tr>
<tr><td colspan="3">数据仓库</td></tr>
<tr><td colspan="3">数据清洗、转换、集成、加载</td></tr>
<tr><td rowspan="4">基础信息设施层</td><td colspan="3">数据源交互集成平台</td></tr>
<tr><td>大数据分布式存储</td><td colspan="2">传统存储方式</td></tr>
<tr><td colspan="3">物联网平台</td></tr>
<tr><td>移动无线技术</td><td colspan="2">物联网技术</td></tr>
</table>

图11-4　医疗信息管理系统整体架构设计

统，成为了欧洲国家级卫生信息化建设的示范。美国于2003年发布医疗电子病历交换法案（Health Insurance Portability and Accountability Act，HIPAA）确立了电子病历的法律地位、需要遵守的法律准则以及违法罚则，将电子病历在信息安全保密性、病人隐私权保护及电子信息交换方面操作标准化。并建立医疗信息传输标准（Health Level 7，HL7），全美所有医院必须使用HL7。

我国重视医院信息化建设，电子病历更是信息化的建设核心。近些年来，以电子病历信息化建设相关政策陆续推出，极大推动了医院电子病历系统的发展。2017年《电子病历应用管理规范（试用）》《进一步改善医疗服务行动计划（2018-2020年）》对电子病历信息系统技术管理和质量管理提出明确要求。《关于进一步推进以电子病历为核心的医疗机构信息化建设工作的通知》《关于加强三级公立医院绩效考核工作的意见》对三级公里医院实施电子病历信息化建设提出阶段性考核要求。2020年《关于进一步完善预约诊疗制度加强智慧医院建设的通知》、2021年《关于印发电子病历系统应用水平分级评价工作规程和专家管理办法的通知》都强调智慧医院信息化建设应以电子病历系统为核心。《电子病历系统应用水平分级标准（试行）》将我国电子病历系统应用水平进行九个等级管理。与国际上医院信息化水平较高的国家地区相比，我国电子病历发展仍有较大发展空间，建设速度快，建设需求也非常旺盛。

2. 临床决策支持系统

临床决策支持系统（Clinical Decision Support System，CDSS），能够针对半结构化或者非结构化的医学问题，通过人机交互的形式提高临床决策效率的计算机系统。面对纷繁复杂的临床检查信息、医学共识、诊疗指南等信息，CDSS能够帮助医生进行多变量分析，化繁为简找到关键诊断依据，做出最佳诊疗决定。同时，CDSS能够有效提升医疗服务质量、患者治疗效果，减少医疗经济成本及时间成本。CDSS包括知识库、推理模型、交互界面三个部分。知识库内容是基于文献的证据和临床时间的证据结合使用的，如Kluring Analyics公司推出的CDSS系统中的知识图谱[300]。推理模型分为基于决策树逻辑规则，以及基于机器学习的逻辑规则。CDSS在医院里落地应用的最佳形式是与电子病历EMR或者健康档案EHR相结合。

3. 静脉输液智能监测系统

静脉输液是一种常用的临床治疗方法，目前我国大部分中小医疗机构都是采用护士手动控制和监护的方法，极大地浪费了人力资源，并且手动控制不够精确。因此，静脉输液智能监测系统[301]满足了输液自动控制和实时监控成为医护人员和患者的迫切要求。静脉输液智能监测系统可以进行气泡检测和针头阻塞检测并报警，能够将输液过程中的状态进行实时传送，以便医护人员进行远程控制。与传统的的输液系统相比，本系统实现了将整个输液过程分阶段控制，即根据病人的病情和药物的性质，设定输液过程中各个阶段的输液参数，并可以设置每一步的吐出量，使控制更加精细，实现了对转子反转的检测和处理，使整个输液过程更加安全。静脉输液智能监控系统内部结构如图11-5所示。

4. 生命体征动态监测系统

传统体征信息采集方式效率低下，手工操作容易受到其他因素影响出现误判，传染疾病交叉感染风险大。基于物联网的患者生命体征动态监测系统采用RFID技术，由监护设备端、数据服务器、信号处理单元、网络单元和移动APP端应用组成。其中信号处理单元主要完成数据采集、转换和处理功能，网络单元主要完成信号加密和传输功能，最终由移动APP端进行数据解码、显示，最终达到对患者实时监护的目的。

5. 血氧饱和度监控系统

血氧饱和度监控系统[302]可借助手机等移动客户端帮助用户随时随地较为准确地测量其身体的血氧饱和度、心率等生理指标，从而更好地掌握自己的身体状况。从医学上分析，血氧饱和度和心率两项生理指标作为医院诊治的重要数据，血氧饱和度在95及以上为正常指标，心率在每分钟60～100之间为正常指标。当用户在不同时间段多次测量结果均不符合上述两项指标时，表明身体有异样，建议就医详查。血氧饱和度监控系统如图11-6所示。

6. 医学影像信息系统

医院里的医学影像数字化存储数据量非常大，要求保存的时间长，会占用大量的存储空间。一个大型综合性医院的医学影响如需按照相关规定保存20年则需要不少于48T的存储空间。因此，众多医院将医院影像信息系统（Picture Archiving and Communication Systems，PACS）作为医学影像归档与存储及传输的选择。如果PACS系统集群部署在本地，那么按照规定15年，这些极少被调用的医学影像数据将占用越来越大的数据空间，PACS系统的数据存取性能也逐步下降。随着云端存储和计算技术的发展，将这些数据迁移上安全稳定且存储空间大的云端服务器，以实现高弹性、快速部署、高性价比的数据存储及分析调用，已经成为了越来越多大型医院的选择。

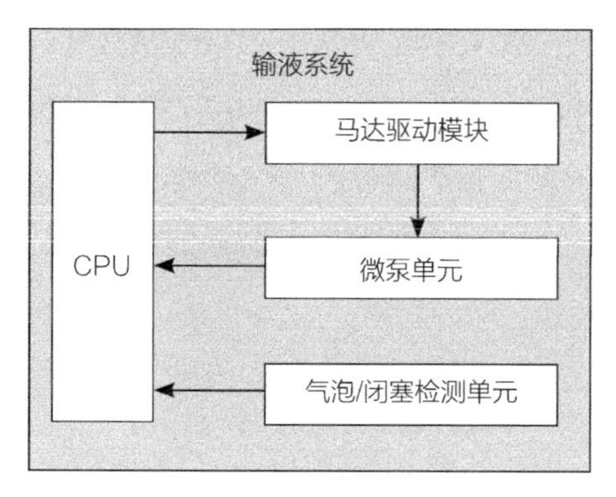

图11-5 静脉输液智能监控系统内部结构图

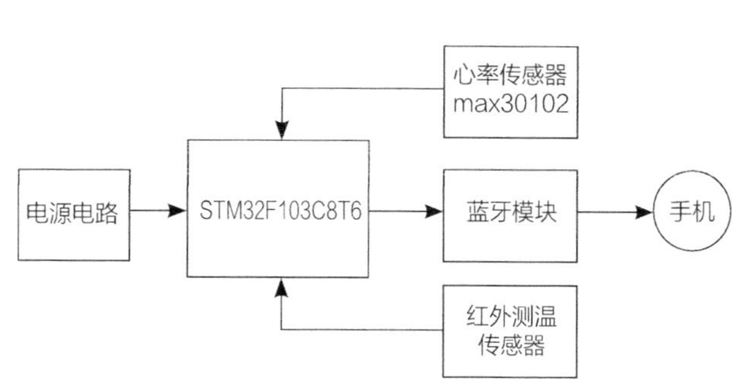

图11-6 血氧饱和度监控系统

7. 智能报表系统

智能报表系统[303]是集成平台设计的，该系统将智慧医院数据从业务交互频繁的信息平台剥离出来，辅助临床业务开展信息管理，避免由于数据处理、挖掘等操作而影响业务系统的运行，降低数据利用系统与数据生产系统间的耦合度。智能报表系统接收到数据后，再根据业务主题多角度分析中心数据仓库中的数据，最后使用报表工具以图形或表格多种方式展示分析的数据。智慧医院智能报表系统整体架构见图11-7。

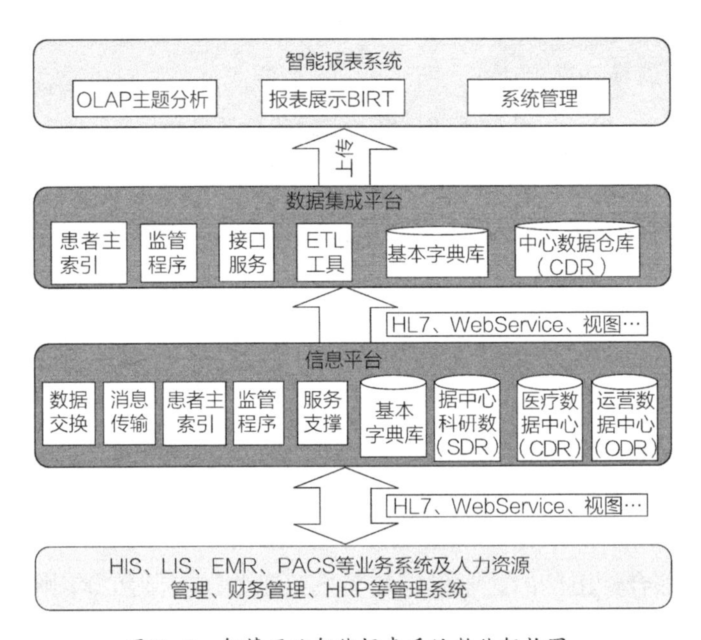

图11-7　智慧医院智能报表系统整体架构图

8. 财务信息管理系统

智慧财务信息化管理平台是智慧医院平台建设的重要组成部分。完善的财务信息化管理平台是一个由财务与医疗及其他业务各应用系统通过数据共享、协同运作的综合系统，在系统的设计过程中应由内而外、由主至次、由简至繁逐项推进。医院智慧财务信息化管理平台的应用框架按照从主至次可分为4层，如图11-8所示[304]。

第一层为财务核心应用层，主要包含着各类财务核心模块的应用软件，如财务核算系统、预算管理系统、工资管理系统、成本管理系统、资产管理系统、智慧医疗结算系统

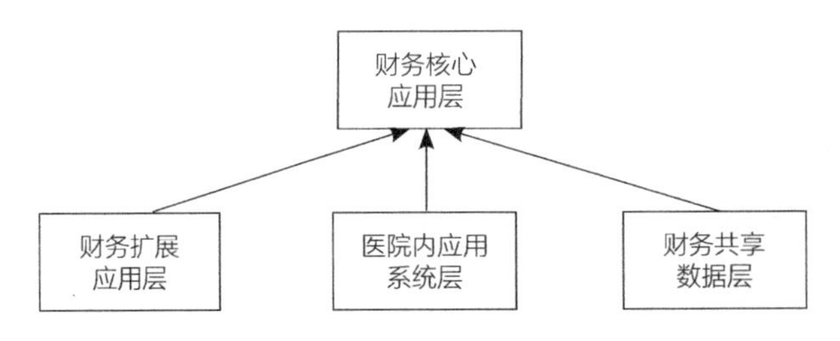

图11-8　医院智慧财务信息化管理平台应用框架

等；第二层为财务扩展应用层，主要运行与财务核心应用层紧密联系的扩展应用系统；第三层为医院内应用系统层，主要包含医院信息系统、实验室信息管理系统、医学影像存档与通信系统、病案管理系统、人事管理系统、绩效考核系统、物流管理系统、科研管理系统、医疗设备管理系统、一站式后勤系统、医保结算系统等医院内其他部门应用系统，这些部门在日常业务办理过程中与财务管理工作联系密切，相关度较大，存放着一些重要的基础业务数据，便于财务应用软件与其相连、调取和使用；第四层为财务共享数据层，存储整个医院所有的财务相关数据和其他部门业务数据，便于信息使用者自定义表单取数，为医院管理者及其他人员使用及决策。

9. 后勤管理信息系统

后勤管理信息系统是智慧医院建筑各项业务有效、有序运作的重要基础。医院后勤管理涉及门类多种多样，以物资供应、设备装置性能检查与维修、供暖气、供电能、房屋修整、食堂、污水与废水达标处理、医疗垃圾分类安置、环境卫生条件优化等较为常见，具有业务类型多、覆盖范围广、操作专业技术性高等诸多特点。以苏北人民医院后勤设备信息系统[305]为例，见图11-9。

10. 网上预约诊疗系统

网上预约诊疗系统将医院医疗资源和服务向患者、医生、医联体、第三方机构发布，满足不同对象和类型的互联网应用。上层云应用包括：面向患者的互联网辅助服务，面向轻问诊和复诊患者的云诊室就医服务，面向医联体单位的远程协作服务，面向大众的健康宣传教育服务，面向医保医政部门的结算上报服务，面向第三方机构的支付结算查询服务

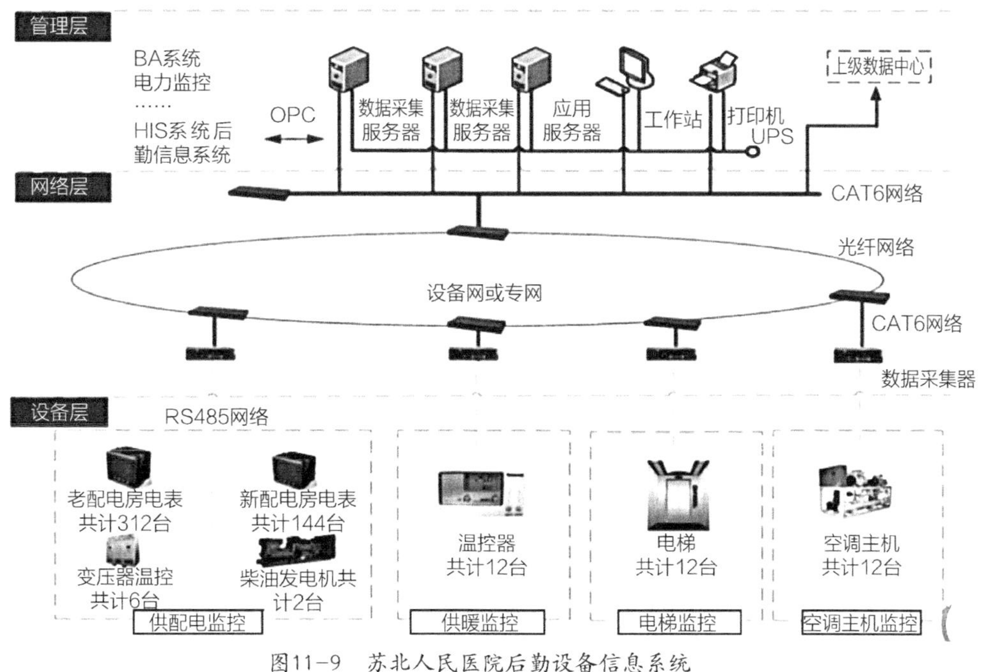

图11-9　苏北人民医院后勤设备信息系统

等。下层资源和数据为上层应用提供支撑，根据应用的业务需求和用户权限，满足音视频交互、多渠道支付、消息推送、号源管理、数据调阅、订单配送等服务。

11.2.2　信息安全

1. 区块链技术电子健康档案

当前电子健康档案的信息安全和隐私保护存在着诸多问题，鉴于区块链技术具备数据无法被非法篡改、成本低并且能够设置多电子签名授权机制权限的管理等优势，能够极大地提高健康信息安全和隐私保护，常见的基于区块链技术的电子健康档案有三种建设模式，即基于区块链的健康数据存储、电子健康档案的去中心化和电子健康档案的隐私保护。基于区块链的医疗云数据存储共享方案被应用于医院信息安全管理，在保护数据隐私和用户身份隐私的同时实现数据共享，并且在隐私保护、完整性保护和可追踪方面均达安全性标准。我国当前高通量测序虽然快速发展，但是仍存在诸如无法直接提供疾病信息、无法获取强大的数据库支持等诸多不足，而依靠区块链的智能合约、确权存证、分布式存储、点对点加密传输、安全计算等特性，建立起多方协作的基因变异标准数据库，将有利于规范国内高通量测序技术相关产品，为精准诊断的快速发展提供有力工具。

2. 边缘计算智能网关

边缘计算[306]设备具有利用收集的实时数据进行模式识别、预测分析、智能处理等功能。在网络边缘的智能网关就近采集数据并处理，而不需要将大量数据传送到中心的核心平台。医院本地化服务器就有大量采集的数据需快速处理分析，如各类检查结果的上传下载、专家诊断库、病例库、住院信息、医疗风险处理等大量信息存储在服务器中需开展业务访问、读取、分析、处理，并实现患者定位、无线输液、无线监护、移动查房、机器人查房、应急救援、远程会诊等新型5G应用，每个场景将带来新的体验和商业价值。边缘计算模型不仅可降低数据传输带宽压力，还可减小集中处理的计算、存储压力，能够较好地保护隐私数据。

11.2.3　安全与防灾

医疗机构是人员密集场所，患者大多行动不便，拥有大量高精医疗仪器以及易燃易爆危险品，其消防安全有着安防管理体量大、事故起因复杂隐蔽、事故后果严重等高风险特性。目前医疗机构安防主要依靠视频监控、门禁控制、入侵报警、人防。但是由于各地医疗机构防范系统受经济水平、决策能力等原因影响，安防管理水平也参差不齐，难以防范应对重大突发性安全事故的发生。近年来，受疫情影响和医患关系的紧张，医院安防系统的智慧化建设更是受到重视。为此，国务院办公厅发布了一系列关于加强医院安防系统建设的相关文件，如《关于推进医院安全秩序管理工作的指导意见》（国卫医发〔2021〕28号）、《国务院办公厅关于推动公立医院高质量发展的意见》（国办发〔2021〕18号）等。随着物联网和人工智能深度学习技术的发展，医院安防系统在门禁管理、视频监控、安检防爆、生物识别等方面均有新的技术创新。

1. 安检信息化管理系统

安检信息化管理系统将安检点的X光机、禁带物品检测机器、安检门、危险液体检测机器、易燃易爆物品检测机器、监控视频、远程控制、异常预警及报警等设备整合统一管理，统一分析，借助人工智能采用“机器识别为主，人工复核为辅”的智能检测技术，能够实现视频监控系统远程监控、警企快速联动、检查流程信息记录、人脸识别、异常快速处置、设备记录电子化记录、数据可视化分析等功能[307]。

2. 人工智能生物识别系统

大数据和云计算等技术的发展，是人脸、指纹、虹膜等生物识别技术未来发展的重要方向和支撑。机器学习技术将生物识别的准确度提升并超过肉眼级别。随着生物识别数据库的完善以及相关设备成本的降低，生物识别技术能够在医疗机构中得到广泛的应用。具体应用可包括（一）患者就诊全流程识别。如入院时实现人脸识别患者自动挂号、候诊、医疗检查排队及确认、入院办理等，医疗操作时使用人脸识别加指纹识别等。（二）智能支付。如人脸识别应用于就诊全流程支付和退款。（三）加强分区管理安全保障。对医院实施分区管理，通过不同生物识别技术实现严格的门禁出入控制，比如患者禁入区域，如材料库房或者放射性部门、氧气站、污水处理站等区域，可通过指纹或者人脸识别实现门禁管理。病房区域加强患者安全监护，通过人脸识别严格限制授权医护人员、限制期限的患者家属、探视人员进入。（四）医闹黑名单管理，加强医疗机构安全保障。通过人脸识别系统，捕捉号贩子、医闹等人员等生物信息自动生成黑名单，及时安防预警[308]。

11.2.4　节能与资源利用

1. 建筑设备与能源管理系统

建筑设备与能源管理系统（图11-10）采用面向服务的架构，由设备层、网络通信层、平台及应用层、终端展示层四部分组成。设备层通过末端计量表计、传感器、采集器等设备采集设备运行数据、能耗数据以及环境数据，并通过控制元件对系统进行控制。网络通信层通过多协议转换和数据并发对末端设备采集信息进行传输，并提供丰富接口，具有开放性的特点。平台及应用层将采集的数据以统一格式存储到实时数据库或历史数据库中，基于系统应用功能进行统计、分析及展示，同时支持控制令的下发。终端展示层支持多用户、多终端、多种展现形式[309]。

2. 危废处理系统

（1）等离子体技术处理医疗垃圾系统

等离子体技术处理医疗垃圾系统主要包括预处理系统、等离子体反应器系统、尾气净化处理系统、余热回收系统、残渣应用系统等。等离子体技术处理医疗垃圾是指将医疗垃圾经过初步处理后加入等离子反应器中，在高压下使空气、N_2、Ar或其他载气发生电离，产生1650～11600℃的高温，有机医疗垃圾分解形成可燃气体如H_2、CO、CH_4等，不可燃的医疗垃圾转变为无害残渣，如玻璃体化固体残渣等。同时，医疗垃圾中的各种病毒、微生物、有毒化学药剂等被彻底消灭，进而实现医疗垃圾的无害化和减量化。

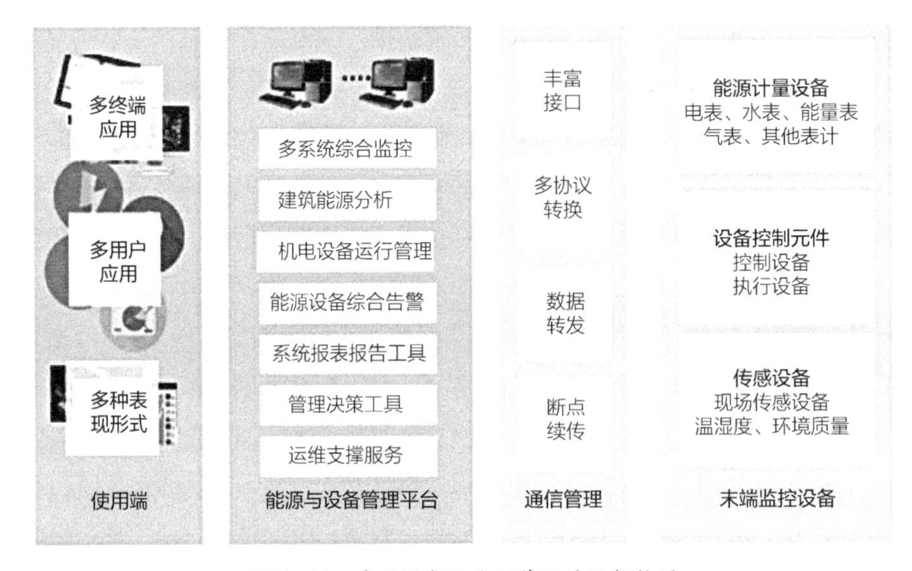

图11-10　建筑设备与能源管理系统架构图

（2）医疗废弃物回收处理系统

医疗废弃物回收处理系统包括蒸汽灭菌罐、破碎机、密封传送机构、压缩机、废气无害化处理系统、废气异味处理系统、废水结晶处理系统。医疗废弃物回收处理系统通过对医疗废弃物进行高温蒸汽灭菌，能够将医疗废弃物中的病毒性微生物清除并将化学药剂释放至废水中，通过对废水进行蒸发结晶处理能够将废水中的化学晶体析出，实现对废水的无害化处理防止废水排放对生态环境的污染。同时通过废气无害化处理系统、废气异味处理系统对高温蒸汽处理产生的废气进行处理，能够有效实现对废气的无害化处理。本发明不仅能够对医疗废弃物进行消毒灭菌，还能够对产生的废气和废水进行充分处理防止二次污染的发生。

11.2.5　健康与舒适

1. 空气质量监控系统

拥有监测PM_{10}、$PM_{2.5}$、CO_2、TVOC等浓度的空气质量监测系统，具备数据实时显示与储存、主要污染物浓度参数限值设定及越限报警提示等功能。与储存、主要污染物浓度参数限值设定及越限报警提示等功能。为便于安装、提高系统的扩展性，医院空气质量监测系统采用无线传感器网络进行组网。监测系统结构包括：客户端、服务器端、无线传感器网络。其中，无线传感器网络由汇聚节点、中间节点和传感器节点组成。图11-11为空气质量监测系统结构。

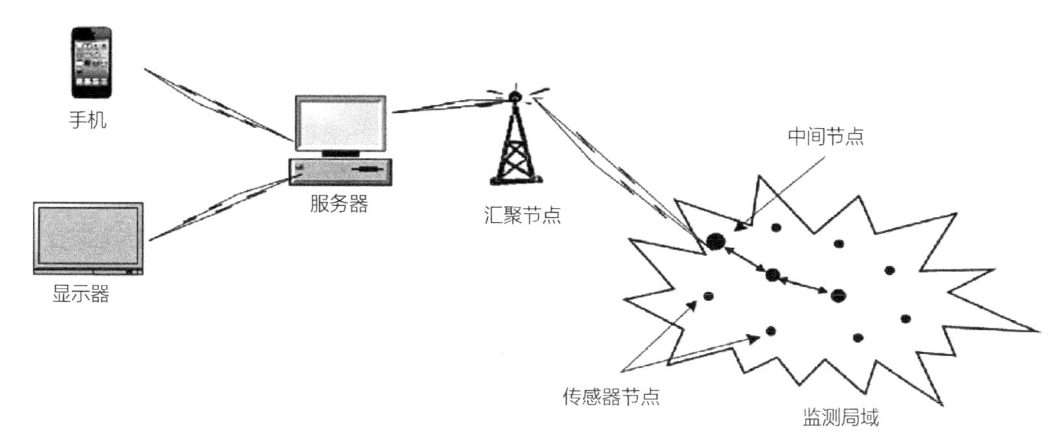

图11-11　空气质量监测系统结构

2. 自调节遮阳系统

自调节遮阳系统包括活动外遮阳设施（含电致变色玻璃）、中置可调遮阳设施（中空玻璃夹层可调内遮阳）、固定外遮阳（含建筑自遮阳）加内部高反射率（全波段太阳辐射反射率大于0.5）可调节遮阳设施、可调内遮阳设施（如电动窗帘）。根据智慧医院建筑内使用者的不同需求，选择不同遮阳设施进行自调节，做到降低建筑能耗的同时提高人居环境的热舒适性。

第12章　智慧养老建筑

12.1 概况

第七次全国人口普查结果显示，我国2020年老龄化人口（60岁及以上）超过2.64亿人，占比18.70%，相对于2010年增长5.44%[310]。到2050年，中国老年人口将占总人口的35%，成为世界上老龄化人口最多的国家。随着人口老龄化进程的加快，世界各国都在积极探索新型养老服务发展模式，智慧养老成为我国养老问题的必然发展趋势。2015年，国务院印发《关于积极推进"互联网+"行动的指导意见》，要求"推动智慧的养老院健康老年产业发展趋势"。2017年2月，国家工信部、国家民政部、国家卫计委印发《智慧健康养老产业发展行动计划（2017—2020年）》，明确要求我国加快智慧健康养老产业发展，推动信息技术产业转型升级。我国的《新一代人工智能发展规划》中也明确提出了"围绕教育、医疗、养老等迫切民生需求，加快人工智能创新应用，为公众提供个性化、多元化、高品质服务"的时代要求，其中养老、医疗等的发展与我国庞大的老年人群体息息相关。我国目前健康养老资源供给和信息技术应用水平较低，难以满足健康养老日益增长需求，养老产业面临前所未有的发展机遇，已形成机构养老、居家养老、社区养老等多种模式。

智慧养老建筑作为为老年人提供养老居住生活和养老服务的载体，通过传感物联网技术和信息平台等信息技术，为选择居家养老、社区养老和旅居养老等养老方式的老年人和机构人员提供便捷高效、智能互联的养老服务。智慧养老建筑融合应用医疗健康的物联网、云计算、大数据、智能硬件、移动互联网等新一代信息技术和产品，实现建筑物与老年人的生活起居、医疗保健、安全保障等方面的智能交互，实现个人、家庭、社区、健康服务机构、养老服务机构和专业医院之间的有效对接和优化配置。

12.2

不同养老模式及其照护需求

随着我国社会老龄化程度的加深，越来越多的养老形式涌现。借助电子信息技术，政府引导养老机构、社区和家庭以各种新型、多元的养老方式满足老年人晚年生活的多层次需求。智慧养老建筑的规划建设需根据老年人日常生活行为模型考虑其各种使用需求。养老形式多分为机构养老、社区养老和居家养老三种形式。不同的养老形式中，老年人的行为模式、需求大致相似，都主要包含了我国智慧养老服务领域慢性病管理、居家健康养老、个性化健康管理、互联网健康咨询、生活照护和信息化养老服务各方面，如图12-1所示。

智慧养老建筑不光要考虑建筑内部环境的监控，比如室内照明、热环境、安全消防等物理环境的智能控制，还要监测老年人的生理心理健康情况。比如失智失能的老年人，他们失去了原有的自理能力，吃饭、休息、用药、康健都需要实时的照护，借助物联网、AI技术、传感技术等电子信息技术，监控其健康指标，分析其日常行为轨迹并预警异常行为，在突发情况下可自动触发报警通知工作人员、监护人，能够极大地提高老年人的照护质量，降低养老护理工作的强度。

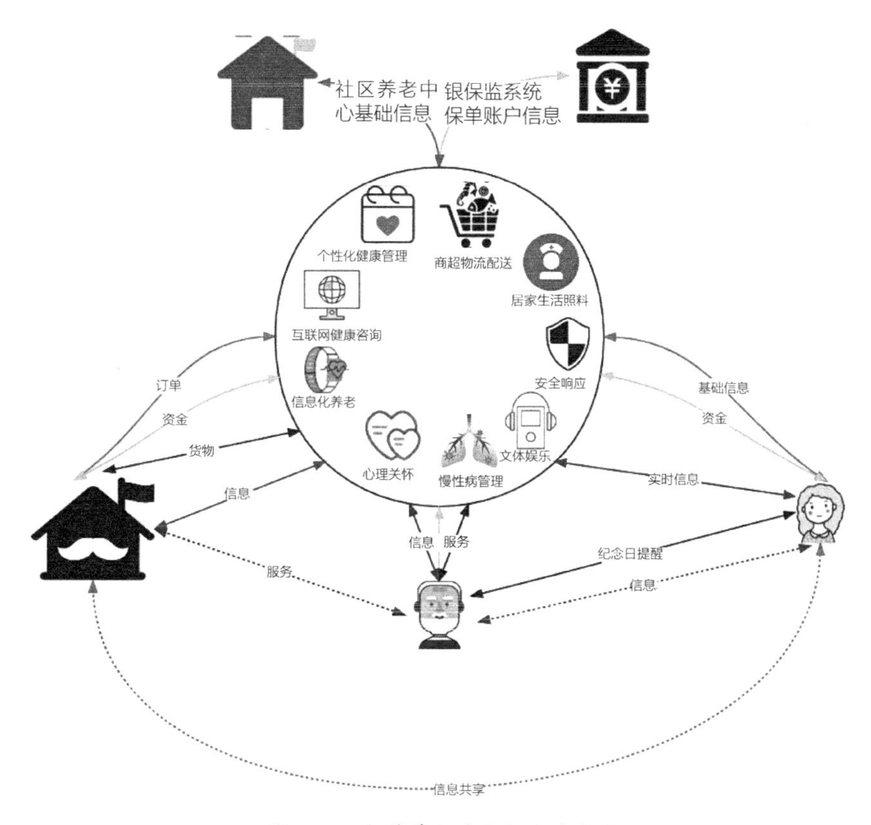

图12-1　智慧养老建筑行为关系图

12.2.1　机构养老

机构养老是以养老机构为主体，由养老院、养老公寓等第三方机构为老年人提供养老服务的养老形式，核心是养老机构的软硬件智能化设施的信息化建设。养老机构为老年人提供饮食起居、清洁卫生、生活护理、健康管理和文体娱乐活动等综合性服务。

机构养老主要依托养老服务机构，建设养老建筑的信息化软件管理系统和相关智能化硬件设施，实现养老服务的优化。机构养老对于其建筑中运营的养老系统涉及功能的应用场景包括：入院和出院的流程管理、护理管理、膳食管理、物业管理、财务管理、人力资源管理及资产管理等。机构养老智慧建筑管理平台是以云计算、物联网等技术为依托的综合性服务管理平台，满足老年人医疗保健、疾病预防、护理与健康以及精神文化、心理社会等需求。机构养老智慧建筑在安排、照料、护理好老年人的基础上，让老年人亲属放心，同时为政府与整个社会减轻一定的养老压力。

12.2.2　旅居养老

旅居养老又称养老旅游、晚年旅游，老年群体于不同季节去不同地区居住十天半个月甚至数月时间，享受旅居地的各类适老资源和服务，从而达到舒缓身心、开阔视野、健康养生的目的，是一种积极有效的养老模式，得到越来越多老年人的青睐，逐渐向市场化、产业化方向发展。随着我国居民生活水平的提高，老年人对于愉悦健康的高品质老年生活需求越来越强烈。面对越来越庞大的老龄人口，旅居养老拥有很大的发展市场。

以一年四季气温宜人、自然环境质量优良的海南为例，旅居养老已经具有一定规模。全省各地建设的疗养基地越来越多，为老年人提供养老康养服务，包括在环境优美地区的住宿、一日三餐健康饮食、生活管家、每日组织不同主题娱乐活动、健康体验等。比如博鳌宝莲城疗养基地（图12-2），位于环境优美的琼海博鳌镇，面向一线海景，站在阳台或

图12-2　博鳌宝莲城疗养基地

打开窗户，有种面朝大海春暖花开的感觉。博鳌气候宜人，冬天平均气温25℃左右。该基地毗邻博鳌建设琼海乐城医疗先行示范区，乐城超级医院坐落于此，为老年人的医养诊疗提供极大的便利。该基地占地面积约为1600亩，拥有1000多棵参天古树，500多套客房，硬件配套包含：养生会馆、健康保健中心，近2万平方米商业街区、配四星级酒店、酒店式公寓、红石滩森林公园、20万平方米人工内湖及18座养生岛。

旅居养老与机构养老对于其建筑中运营的养老系统涉及功能的应用类似，包括但不限于：个性化旅居养老服务规划、医养结合、服务注册登记管理、费用管理、老年人健康行为管理、人事管理、仓库物流管理、系统管理。这些都需要养老机构中心计算机运行的智慧养老综合管理平台软件以及方可访问的APP软件审计；硬件部分则由智慧手环、读写器、无线数据中继器、监控计算机和服务器（数据服务器和网络服务器）等组成。

12.2.3　社区养老

社区养老是指以家庭为核心，以社区和相关机构为依托，以老年人日间照料、生活护理、家政服务和精神慰藉为主要内容，以上门服务和社区日托为主要形式，并引入养老机构专业化服务方式的居家养老服务体系。2000年，中共中央、国务院发布了《关于加强老龄工作的决定》，提出“建立以家庭养老为基础、社区养老服务为依托、社会养老为补充的养老机制”。社区养老能够结合通信与信息技术，依托虚拟养老院等形式，实现居家智慧养老。上海闵行区的新虹街道综合为老服务中心[311]，通过在老年人家中安装传感设备和智能产品，实现老年人“养老不离家”，与家门口的养老服务站联动，让老人在家中能够实现与现实养老院类似的全方位照顾护理，既提高了老年人的生活质量，又能减轻家庭经济负担，减轻社会机构养老床位资源压力。

社区智慧养老平台通过智能平台软件和通信终端设备实现虚拟养老院，解决了传统的社区养老以政府为主导的非盈利模式，服务单一，难以满足老年人需求等问题。越来越多的社区在政府养老部门的带领下，与养老机构、社区医院、家政公司、康复保健服务公司、保险公司等第三方机构紧密合作，给老年人提供环环相扣的专业养老服务。虚拟养老院通过智慧养老平台，整合社区老年人的电子病历、相关健康指标数据、家庭情况等信息，结合政府养老部门发布的养老政策，根据养老需求进行分析，提供智慧养老方案。通过社区老年人的健康档案，运用远程健康监控平台、智能床垫、可穿戴健康设备、环境传感器、门磁器等智能终端，实时监控老年人的健康状态及运动轨迹，并定期为老年人提供服务等。社区居家养老服务的项目包括但不限于：生活照料、商超物流服务、健康检测、心理保健服务、走访陪伴服务、日渐照料、法律服务、医疗保健服务等、养老机构延伸服务、老年食堂。

12.3 智慧养老建筑管理平台体系架构

智慧养老管理平台是面向老年人、社区养老中心及养老机构等对象的信息平台，并在此基础上提供实时、快捷、高效、低成本，物联化、互联化、智能化的养老服务，能够推动健康养老服务智慧化升级，提升健康养老服务质量效率水平。

根据最新发布的《智慧健康养老产业行动计划》，目前我国智慧养老服务领域主要包括慢性病管理、居家健康养老、个性化健康管理、互联网健康咨询、生活照护和信息化养老服务六个方面，其中个性化健康管理和信息化养老服务对老年人居住建筑智慧化程度要求较高。图12–3为智慧养老建筑体系架构图。

数据应用主要是对居住老人具体的服务应用，包括健康守卫、安全服务、生活照料服务、关怀服务、养老运营和养老管理等方面的内容。它主要是在对大数据进行认知获取和深度挖掘的基础上，开展的具体的应用及管理服务，对智慧养老建筑的信息化和服务全智能化的成功落地起到了重要作用。

支撑设备是基于养老大数据平台，借助智能设备、智能配件等感知终端，实现对居住老人的健康预警、饮食结构、摔倒行为、情感心理、消费行为等进行监控支持，同时通过时空信息服务、数据交换共享服务和领域模型算法服务等对用户大数据进行深度分析学习，以此提高老年人的居住体验和生活舒适度。例如对居住老人在日常生活过程中的饮食习惯、消费行为等基本数据的存储；还可以对患病老人过去的病例以及基因信息及时采集，如患者的治疗记录、用药历史和健康情况等。基于此能够为老人建立身份识别信息和健康档案，包括基本情况、生活习惯、健康状况等。同时，老人的生命体征信息、睡眠信息及其他体检信息实时上传平台，形成完整的健康档案。针对健康档案为老人定制个性化的健康管理方案，健康预警时提前或者及时帮助老人预约专业医院进行转诊或者上门治疗。

智慧平台的数据来源为老年人智能穿戴设备和设施、政府医疗及社保信息、银保监会订单系统信息、社区服务管理信息以及养老院其他基础设施抓取信息等，通过云端存储和计算服务器进行处理分析。除此之外，智慧养老建筑体系架构图基础设施层中物联网平台占据重要地位，主要实现了全方位自动信息采集，以此来支撑建筑的信息管理，为整个智慧养老建筑系统提供不同的主题数据信息、基础数据信息和养老业务数据信息等。

旅居养老智慧建筑管理平台侧重于综合利用生物医药、医疗、生态旅游等优势资源，发展多样化健康产品和服务，构建集健康、养老、养生、医疗、康体等为一体的智慧养老体系。在精神上则体现在养老服务水平的要求上，更多的精神关怀、健康生活、文化体验和社交机会是旅居养老智慧建筑的重点。

社区养老云计算平台虽然侧重养老过程中的疾病医疗、日常护理等健康关注方面，但是这种新的服务平台不光是生活照料服务，它结合了智能终端，如智慧床垫、健康手环、门磁器、高清监控等硬件改造居家老人的家庭环境，提供了包括定期健康检查、疾病诊治、康复护理、健康安全预警、心理健康与临终关怀等专业医疗保健服务[312]。

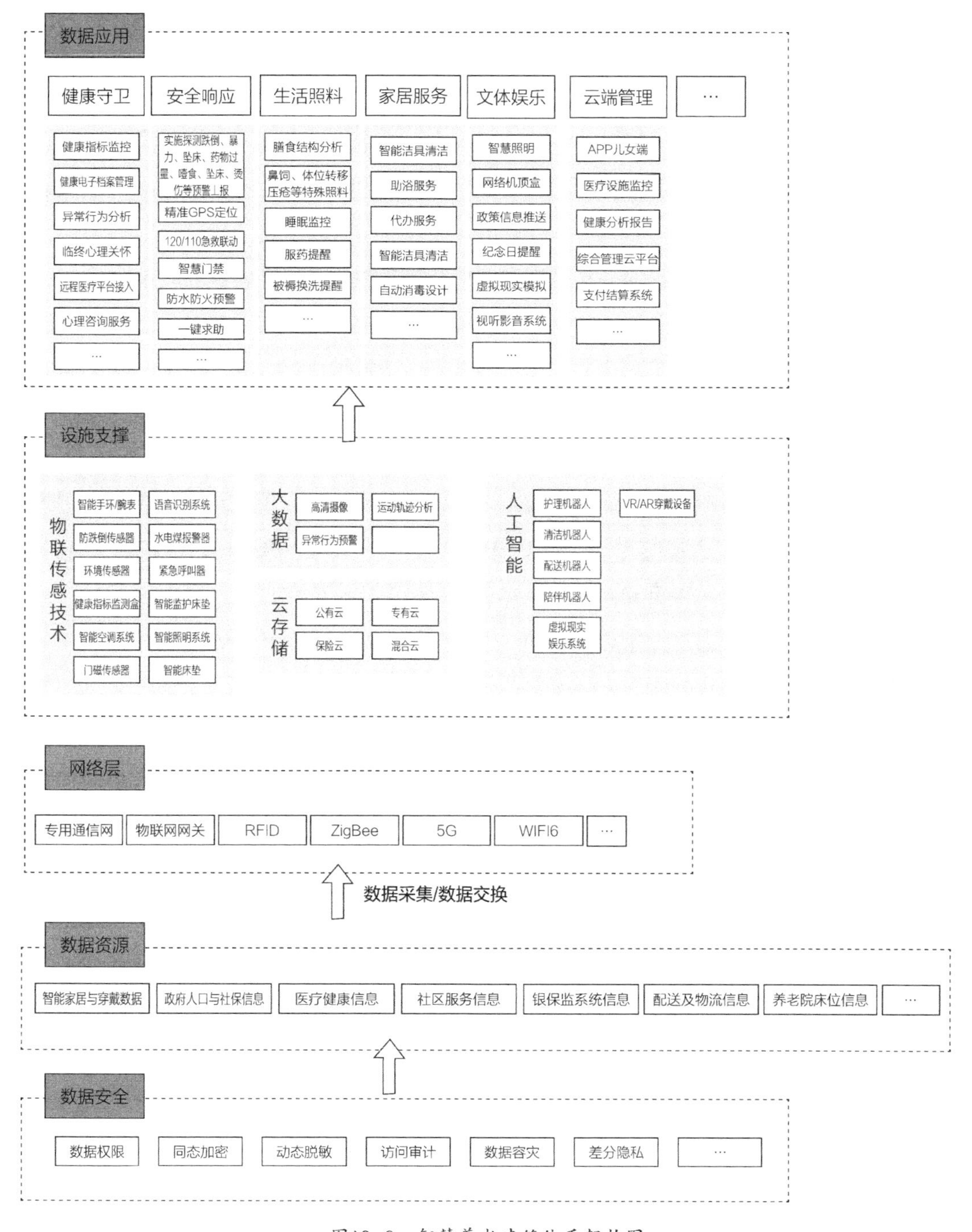

图12-3　智慧养老建筑体系架构图

12.4 智能健康检测设备

目前的智能健康检测设备主要分为两类：一类是可穿戴健康检测设备，如利用生物传感器定时测量心率、呼吸频率、血压、血氧和体温等生物数据的智能手环；另一类是非接触生理监测设备（非接触型机器），如检测老年人生命体征的智能检测床垫、记录排便情况的智能马桶等。

12.4.1 非接触型健康检测设备

以下以智能床垫为例，说明非接触型健康检测设备在养老护理领域的应用情况。

智能床垫是基于物联网及传感技术，将多种健康监控功能及其他辅助功能集合的智能产品。智能床垫的前身电动护理床多采用机械升降以增强护理能力减轻老年人翻身排便等护理强度，在电动护理床的基础之上，通过电子信息技术进行技术改良及功能增强，智能床垫具备了更为强大的监测功能。

智能床垫的传感监测技术主要包括加速度传感、光纤传感、压电薄膜传感、压电陶瓷传感、多普勒传感和压力传感等[313]。智能床垫通过使用不同的传感器自动跟踪患者的生命体征（如心率、血氧、体重和体温）来实现实时健康指标监测过程，具体如下：

（1）加速度传感器通过记录心脏搏动的细微信号来监测心率及呼吸速率[314]。

（2）光纤传感器通过检测微光强变化获得生命体征信号监测心率、呼吸速率、身体位置、翻身次数等变化[315，316]。

（3）压电薄膜传感器压采用超高敏感度的压电驻极体来监测老年人的心率及脉搏[317]。

（4）多普勒雷达传感器利用多普勒效应监测老年人的呼吸速率、心率和睡眠分期等生命体征[318]。

（5）压电陶瓷传感器利用高压电陶瓷材料的压电特性监测老年人的心率和呼吸速率等生命体征[319]。

（6）压力传感器监测人体坐姿等，通过床面上的压力分布监测分析老年人体位，降低发生压疮的风险[320]。

智能床垫采用多种传感技术，结合物联网技术，将监测的老年人的健康数据及环境数据上传云端进行算法分析，能够建立起远程的实时监控服务，及时将老年人的生命体征、睡眠状态、活动情况等异常情况传送给医护人员及家属。智能床垫是非接触式的生命体征监测系统，能够让老年人增加心理及生理舒适感，对于夜间睡眠质量的监控更加及时有效。随着新材料技术的开发、传感物联技术、云计算及人工智能技术的发展，智能床垫的舒适性、安全性、准确性将大幅提升，其在养老护理领域的应用将更加普及。图12-4为老人监护与求助系统应用场景图。

图12-4　老人监护与求助系统应用场景图

12.4.2　可穿戴健康检测设备

《5G应用“扬帆”行动计划（2021—2023年）》《物联网新型基础设施建设三年行动计划（2021—2023年）》等政策的出台不断推动可穿戴健康监测行业的发展。加上5G的正式商用，基于物联网技术的可穿戴健康检测设备在医疗保健领域发挥着重要作用。在养老院环境中，通过多手段、实时连续且长时间地监测患者的健康参数，如体温、外周氧饱和度和脉搏，能够对老人提供进一步个性化、及时的干预治疗方案，在传染病大流行疫情背景下意义重大。可穿戴设备以老年人群为主要用户群体，特别是居家养老和养老机构养老老人。随着我国老龄化进程的加速，可穿戴健康检测设备发展潜力巨大。但目前可穿戴健康监测设备行业的核心芯片产能仍由国外厂商所主导。

由健康监测传感器和微控制器组成的远程健康监控系统。监测用户的体温、心电图、心率和血液血氧饱和度等健康参数，显示并存储在系统中。这些参数被发送到使用Arduino以太网屏蔽访问的网站。可穿戴设备能够实现实时监控病人健康参数，发送给医生以进行健康数据分析，提供有针对性的医疗援助或推荐药物。

目前可穿戴设备在老年群体中的主要应用场景为心脏病、高血压、糖尿病等慢性病的监控。随着技术的快速发展，可穿戴设备的集成化程度越来越高，多种医疗护理功能得以融合到一件产品中。如苹果公司的苹果手表Apple Watch、华为的智能手表、美敦力公司的可穿戴糖尿病监控给药系统MiniMed530G。

12.5
智慧门禁及轨迹监测系统

对于老年人特别是失智老人的护理，需要借助电子信息技术帮助老年人解决逐步丧失方向感导致出门后失踪的问题。智慧门禁及基于物联传感技术的蓝运动轨迹系统，都能够很好帮助监控老年人的异常行为并及时发出警报。

智慧门禁借助全数字高清视频监控，以智能化设备网为基础网络平台，对养老院室内外公共区域、重要场所等需要设防的区域进行无死角实时监视，尤其是出入口位置、有风险的空间。智慧访客管理控制系统对养老院内需要控制的出入口，进行有效的控制和管理。系统对设防区域的出入口通行情况进行实时记录和控制，对意外情况进行报警。系统对持卡人员进行身份识别，根据持卡人的身份和权限，来设定持卡人可到达的地点。另外，还要考虑门禁的无障碍设计，比如使用轮椅的老年人人脸识别传感器的高度设计，可参考《无障碍设计规范》GB 50763、The Architectural Barriers Act Accessibility Guidelines或者 GSA's ABA Accessibility Standards等相关标准的规定。

运动轨迹检测系统用高清数字视频安防监控结合智能手环等硬件联合记录、检测并分析老年人生活场景中的异常行为与事件，从而实现老年人生命安全的动态保障[321]。其中包括室外与室内两类场景。

室外场景则应用GPS导航技术对老年人的轨迹进行定位跟踪，以便子女及相关机构时刻掌握老年人的位置及出入场所、活动范围，可以有效避免老年人走丢或发生危险。室外定位技术需要借助卫星定位系统，比如美国的全球定位系统（Global Positioning System，GPS）、欧洲的伽利略卫星导航系统（Galileo Satellite Navigation System，GSNS）和我国的北斗卫星导航系统等。老年人随身携带的终端设备发送给卫星导航系统的信号并返回给养老服务平台进行处理解码后，实时定位老年人所在位置。对于部分半失能老人，尤其是患有记忆障碍的老人（如阿尔兹海默症病人），应设置安全区范围。老年人离开设定的安全范围，系统会自动向工作人员弹出警报，同时给家庭成员发送消息，帮助快速定位老人位置，避免老人走失。异常报警求助系统、跌倒检测系统及各安防子系统联动，当检测到入侵、紧急求助装置报警、门禁异常开锁、老人跌倒、越界时，快速将报警点所在区域的摄像机自动切换到预置位置进行录像，并将画面实时传送到安防集成管理计算机上，以保证发现老人有异常表现或出现越界时能及时发现与救助。同时，由于老人有记忆障碍和认知障碍，所有工作人员使用的空间和有危险的空间，均需要设置门禁，避免老人误入。

室内场景应用室内定位技术。该技术多基于超宽带技术（Ultra Wide Band，UWB）、RFID技术、ZigBee定位技术、物联网RFID等技术，实现室内的实时定位监控。其中UWB技术的定位精度可达到30cm之内，能够有效获取人员、设备、污渍的位置信息、时间信息、轨迹信息；ZigBee有效覆盖范围稍小，在10～75m之间，但具有低功耗、网络容量大、工作频段灵活等优点；RFID室内定位技术具有标签和读写器的成本高、数据量大、阅读距离可达几十米、能够适应高速运动、方向性较强等特点。老年人随身携带的智慧终端，比如智能手环或更符合老人心理及宗教信仰的幸运符状胸卡[322]，具有一键报警功能。当老人发生意外或需要救助时，可以通过手环或胸卡将报警、求助信息发送至管理中心，管理中心通过手环定位老人位置，及时给予救助。在了解老年人日常行为习惯的基础上监测其异常行为，从而有效应对跌倒、火灾，以及卧床未起、陌生人入侵等突发事件。

12.6 远程医疗平台

远程医疗应用是电子医疗保健技术的最新发展之一。据美国远程医疗学会（American Telemedicine Association，ATA）的定义，远程医疗是通过电子信息及通信技术远程传输共享医疗信息，以实现患者健康状况的改善。远程医疗技术的应用，能够使养老院中的老人与医院之间直接建立高质量、低成本的医疗帮扶网络联系。医生和护士能够为可能无法亲自访问医疗机构的患者提供必要的护理。我国国家卫生健康委员会、国家中医药管理局印发的《远程医疗服务管理规范（试行）》中对于远程医疗服务范围的界定包括两种情形：（1）某医疗机构直接向其他医疗机构发出邀请，运用通信、计算机及网络技术等信息化技术，为患者诊疗提供技术支持的医疗活动。（2）某医疗机构或第三方机构搭建远程医疗服务平台，运用通信、计算机及网络技术等信息化技术，为患者诊疗提供技术支持的医疗活动[323]。

国际上养老机构运用远程医疗诊断获得长足的发展，主要通过完善的电子病历基础整合便捷安全的访问渠道、可穿戴设备实时监控报警、互联网诊疗等手段有效提高了医疗资源下沉至养老服务的应用比例。国内的远程诊断与远程医疗技术在居家养老、机构养老、旅居养老等方面的应用也在不同程度得到了快速发展，主要有以下三种模式：

（1）医疗机构＋养老机构模式：北京、上海、杭州、合肥、江苏、辽宁等省市已经开展了养老机构采用远程医疗手段与各地医院开展远程医疗服务，通过视频、影像等手段建立完善的电子健康档案，实现针对老年人的远程监控、远程诊疗、远程咨询教育等服务。北京市宣武医院与新秋老年公园进行视频远程问诊、影像远程诊断、老年人健康状况远程监控及远程巡诊等方式的远程医疗试点[324]。辽宁省卫健委遴选5家医养结合机构通过远程医疗平台与中日友好医院链接，开展远程诊疗指导、网络诊断、双向转诊、医疗照护指导、动态远程监护、医疗安全监控、医疗应急救援等远程医疗支持。五指山仁帝山康养中心与中国老年医学学会、五指山市卫生计生委共同建设互联网+医养结合康养机构，与海南省第二人民医院胡大一名医工作室合作开展远程医疗，设立仁帝山心脏病预防和康复训练中心。

（2）医疗机构＋社区/家庭模式：上海市闵行区在新虹街道试点的居家“虚拟养老院”覆盖了该街道200多位空巢独居、失智失能的高龄老年人，通过提供智能监护床垫、智能手环、门磁器、环境传感器等硬件设备，实现了远程健康监控、远程医疗诊断、紧急报警等功能[325]。

（3）养老机构+第三方远程医疗运营方模式：以春雨医生、好大夫、微医等为代表的第三方互联网+医疗健康平台为燕达国际健康城、河南亿隆集团等养老服务机构提供远程诊疗、医学影像诊断、远程健康监控、远程教育咨询等服务，实现医疗互联、协同。海南省五指山仁帝山养生基地、海南省泰康养老社区、三亚海棠湾度假村示范区等旅居养老机构，都通过成功引进远程医疗技术提升本机构的医疗服务水平。

远程健康监控是老年人健康风险防范及控制的有力工具。借助可穿戴技术，远程医疗平台能够实时监控老年人的健康指标，及时对其健康隐患提出建议及警报。江苏省南方医科大学南方医院使用远程超声诊断咨询系统，与省三甲医院的超声专家为基层卫生院、养老机构服务，帮助养老机构及居家养老的老年人们实现了经济高效的医疗服务[325]。

远程诊疗服务通过方便的视频会议，医疗专业人员可以与个人会面，根据出现的症状评估他们的病情，并根据现有症状确定是否需要来实体办公室就诊或开出治疗处方。远程诊疗服务帮助医院优质医疗服务下沉基层，解决老年人外出就医难题，还能加强上下级医疗机构的技术合作，高效利用医疗资源。

远程健康咨询是医养结合保健预防的有效手段。运用互联网平台进行健康教育服务，对老年人群开展老年养生、慢性病防治、医疗保健护理及康复训练等教育和咨询，能够提升老年人的治疗依从性，有效减少老年人住院次数、住院时间及费用。

12.7
智能养老机器人

近年来，我国养老护理人员需求总数以每年7.76%的增速增加[326]，2030年全国对养老护理人员的需求将增加到1624.68万[327]。养老护理工作的强度导致我国养老护理行业存在很大的缺口。在此背景下，研制智能养老机器人弥补养老护理从业人员短缺的问题有着更为重要的意义。《机器人产业发展规划（2016—2020年）》提出推进服务机器人向助老助残、家庭服务、医疗康复等领域发展。根据国际机器人联合会预测，在2019— 2021年期间，用于老年人和残疾援助的机器人的销售量约为34400台，这一市场在未来20年内将大幅增长[327]。

20世纪80年代，美国研制开发了第一台可移动护理机器人HelpMate。这台机器人继承了多类型传感器，能够自动导航及避障[328]。随着技术的不断发展，养老机器人种类和功能愈加丰富。全球目前已经有7类40余款服务型机器人在欧洲、美国、日本、韩国进入到实验和商业化应用阶段[329]。根据不同的功能和操作程度可具体分为单一功能机器人和多功能机器人。单一功能机器人包括自助型养老服务机器人及他住型养老服务机器人，比如智能轮椅、美国IROBOT公司的家务机器人Roomba[330]、日本Secom公司的My Spoon智能喂饭机器、日本松下公司的洗发机器人[331]、意大利BioRobotics的柔性淋浴手臂、中进公司与日本大阪大学合作的智能轮椅等单功能养老服务机器人。多功能机器人具有多项养老服务功能，比如Aldebaran SAS公司研制的Pepper机器人[332]、美国Intuitive Surgical公司的Davici手术机器人[333]（图12–5）、意大利的MOVAID个人护理机器人，欧洲的

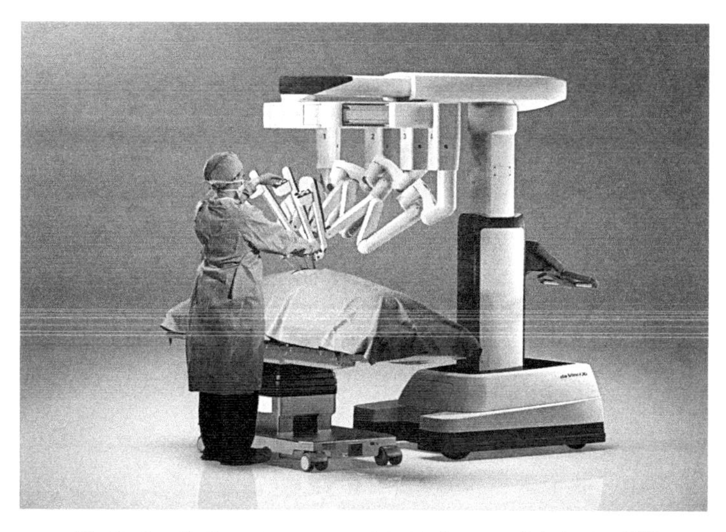

图 12–5 美国Intuitive Surgical公司的Davici手术机器人[333]

CompaniaAble项目Hector护理机器人、澳大利亚的Hobbit护理机器人、中国台湾大学研发的Monika看护机器人等。

将深度学习技术纳入机器人研制开发中，极大地扩大养老服务机器人的使用范围。例如：利用机器人构建新型医疗保健系统，可与用户的家人通信，并且将用户的健康数据发送到医院来执行远程诊断；构建在环境辅助生活条件下对老年人进行远程监测的系统，由移动机器人、商用计算机、运行Android的智能设备和无线传感器网络（WSN）组成。如今服务机器人越来越注重人性化、智能化。在第二届ACM SIGHIT国际健康信息学研讨会上，澳大利亚的学者们介绍了机器人 Matilda，它具有多种功能和沟通方式，包括面部识别、实时情绪变化识别、实时语音识别与表达、远程触摸屏通信系统、基于心理状态估计的饮食建议系统、互动测验、互动式老年活动日历和无线网络驱动的通信环境等，将对老年人健康产生积极影响。还有学者研究了机器人疗法在老年人心理健康护理问题上的应用，该疗法依托于社会辅助型机器人（Socially Assistive Robot，SAR），该机器人利用AI技术，涵盖了视觉图像、自然语言处理、决策理论、学习算法等技术，分为复健机器人（如帮助训练行走、活动等）、服务机器人（如吃饭、打扫、安全监控等）和陪伴机器人（与老年人进行交流互动）3个子类，并且希望未来 SAR 机器人具有是非逻辑认知机制和在人机交互中加入情感计算。和欧美、日本等国家相比，我国养老护理机器人研发虽然已经取得较多成果，但是在人机交互、智能学习等方面的技术研发仍缺乏自主研发的核心技术，大部分产品仍以代工组装为主，其研发、制造、销售产业链仍有待完善。

12.8 情绪识别技术

情绪识别是最新一代非接触式生物识别技术，基于运动的心理生理学，依据身体振动及庞大的基本特征数据库，通过摄像机采集的视频，分析头颈及身体的振动频率和振幅，计算出攻击性、压力和紧张等参数，分析老年人的精神状态，用颜色条进行数字化可视化[334]（图12-6）。

情绪识别技术通过AI学习算法，提高系统本身自主学习能力，优化算法降低对居住老人滞留、徘徊、起身、聚集、剧烈运动等报警误报率。改变基于空间的人员行为分析的传统做法，通过摄像机原始画面数据进行视觉信息的处理和分析，识别人体的动作，理解人体动作的目的及所传递的语义。其核心技术在于利用智能情绪监控识别技术提取老年人

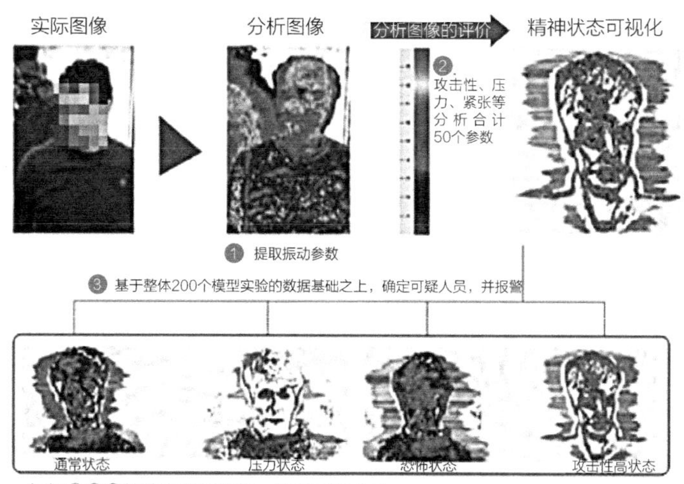

情绪识别

图12-6　情绪识别技术分析结果[334]

的情感特征参数，从而了解老年人的心理状况，包括语音和面部识别两种方式。语音识别主要结合音频捕捉与语音情感识别技术，通过测量语速、语调、强度等副语言特性评估老年人的情绪指标，判断其焦虑程度；面部识别主要应用视频捕捉与表情分析系统，通过捕捉老年人的面部表情，分析其脸部肌肉的运动变化特征，精准识别老年人的快乐、沮丧、生气、紧张、讨厌、思考、兴奋和期待8种基本情绪[335]。

12.9
发展前景与展望

随着时代的发展，我国社会结构与社会形态正在发生转变，人口的平均寿命越来越大，老龄化问题日益突出，已经形成了不可逆转的形式。而我国智慧养老建筑发展尚未完善，处于亟待发展的阶段，具有极大的发展空间和广袤的发展前景。

在我国老龄化日益严重的背景下，智慧健康养老的诞生和发展开拓了养老服务的范畴，提升了养老服务的深度，拓宽了养老服务的广度，为整个养老产业注入了新的活力。将先进的5G、人工智能等技术应用于养老领域，建立综合智慧健康养老服务平台，统一养老产品、系统的技术标准和信息参数，让养老智能化、规范化，有效突破传统养老难题；以老年人需求为导向，拓展服务范畴和内容，让养老便捷化、人性化，让智慧健康养老深入人心，让每个老人都老有所养。

目前关于智慧养老的研究和应用多集中在服务层面，建筑角度上的研究较少，而建筑作为养老载体，却似乎与智慧养老涵义之间存在界限。单一的建筑学科无法适应时代需求；单一的智慧养老也局限于养老服务，忽略了养老硬件的智慧需求；AI技术作为计算机科学前沿，也面临着改善民生的需求。智慧养老建筑将智慧养老、建筑学、人工智能结合起来，也将建筑与养老服务结合起来，为老龄化问题找到一条出路。

近些年来，物联网技术、大数据技术、人工智能技术等高科技技术发展飞速，为智慧养老建筑的发展带来前所未有的机遇和挑战，虽然这些技术的进步拓展了养老领域的新模式、新业态，有效减少了养老服务人力投入，极大地提高了养老服务水平，减轻了部分家庭养老的压力和负担，但是面对庞大和特殊的老年群体，当下我国智慧养老建筑发展仍存在不足。由于核心技术落后、信息孤岛严重、公共服务支持不足、智慧健康养老设施设备普及率不够，我国绝大部分机构养老、社区养老建筑的智慧化水平较低，无法满足居住老人的个性化、多样化养老需求。

因此，我国智慧养老建筑还具有极大的发展空间，由传统养老建筑向智慧养老建筑过渡的趋势是不可阻挡的。智慧养老建筑将实现养老服务水平的提升，同时以现代高新技术为切入点，创新性地让智慧养老建筑更好地服务于居住老人，将老人居住体验提升到一个新的高度。

案例　日本真心香里园

日本松下公司所创设的真心香里园是一家养老院（图12-7），其于普通养老院最大的不同之处在于，其主要生活设施及管理设施都充分运用了智慧技术。从卧室起居到到扶手马桶，都是智能家居设备，还结合了远程医疗终端、智能机器人等数字技术，简化了管理者的工作强度，增强了老年人的生活便捷和幸福感。卧室的床脚处都装有压力传感器，若出现老年人夜里不慎掉下床，传感器会立即自动报警，并发送消息通知控制中心。老人床单夹层也还有湿度传感器，能够随时探知老人大小便失禁，床单浸湿，并发送消息通知更换床单。厕所里还有红外传感器，如出现老人入厕时间过长或有异常反应，红外传感器会通过算法分辨，即时通知控制中心[336]。

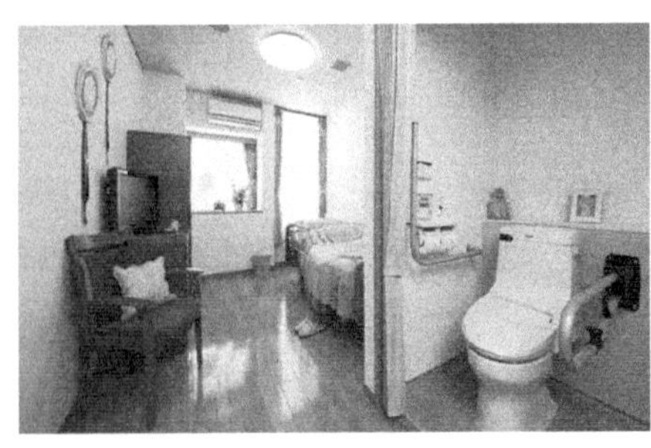
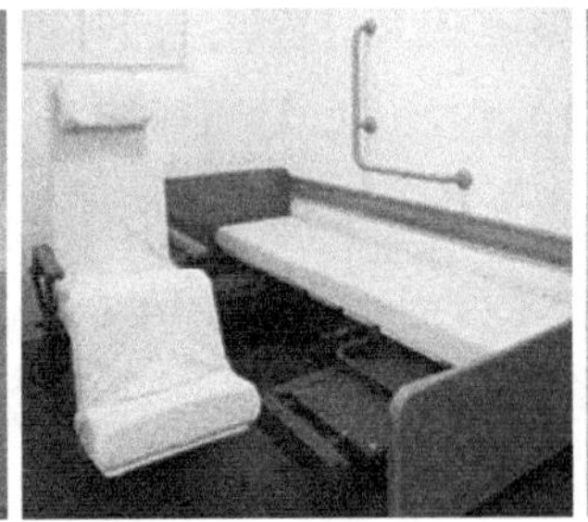

图12-7　日本松下真心香里园[336]

第13章 智慧会展

13.1 概况

在我国，会展通常指在会展建筑中举行的，由多人参与进行信息传递和交流的活动，如会议和展览会。在国外更加广泛的概念下，会展（MICE）除了M（Meeting）、E（Exhibitions），还包括I（Incentive tourism），C（conferences）。会展兼具开放性、包容性和共享性的特性，在其背后是交往、交互、交易等商务功能。会展业牵引着消费、旅游、文化、医疗、教育等产业，会展建筑为集商务、商业、旅游、文化于一体的旅游消费商业综合体。

智慧会展的概念有广义和狭义之分。广义上的“智慧会展”是指一种以客户体验为中心、会展数据为核心、信息技术为手段的一种全新的“智慧体验”[337]。狭义上的“智慧会展”是指一种依托于互联网和物联网、大数据、人工智能等信息的技术手段，采用线上与线下融合的方式，将各种商流、物流、人流、资金流和信息流进行归纳整合，建立运营、服务、营销于一体的服务体系[338-340]。智慧会展建筑利用物联网、大数据、云计算、GIS、BIM等技术，集合商业、餐饮、设备、办公、仓储等辅助功能设施于一身，对安防和节能有更高的要求。智慧会展作为智慧城市的一部分，与城市中智慧交通、智慧旅游、智慧商务、智慧安防等多个系统相关联，逐步形成智慧网络。

在疫情的侵袭下，会展业受到冲击，越来越多的会展采用线上线下两种模式举办。线上会展需借助5G、多点互动触摸、全息技术、裸眼3D技术、AR/VR虚拟、AI智能互动等新工艺，采用云直播会议、大数据、3D打印技术等现代技术，支持参与方以“云推介、云洽谈、云签约”等形式参展参会。为创造线上会展的条件，智慧会展建筑所需达到的设备、技术、系统、平台的要求也越来越高。

如今，智慧建筑的建筑技术的优化带动智慧建筑的发展，而国内智慧会展建筑的建设仍有欠缺，存在大型建筑耗能大，能源利用效率低；建筑结构复杂，安防管理困难；建筑体积庞大，检修成本高等问题。智慧会展建筑作为智慧建筑中重要的大型公共建筑，所需承担的功能相对较为复杂。

13.1.1　智慧会展的行为模式

传统会展的基本功能为举办各项展览与会议，集合商业、餐饮、设备、办公、仓储等辅助功能设施。智慧会展在会展的基础上运用了信息技术，应用智慧运营管理系统和平台，以达到功能齐全、舒适安全、能源节约、便捷高效的目的。

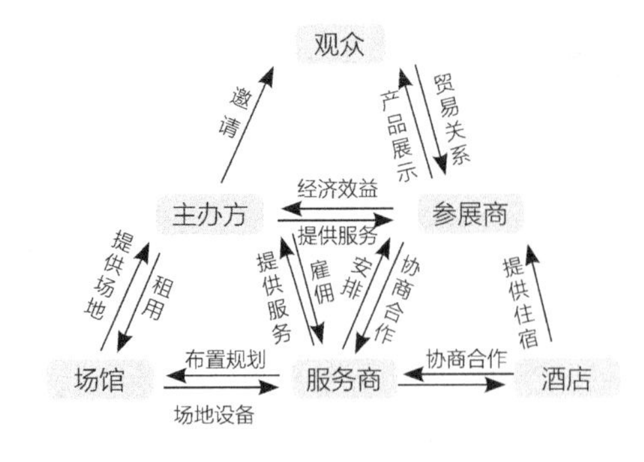

图13-1　合作体系图

智慧会展常由主办方招聘服务商进行策划和举办，服务商负责联系展馆进行布置规划，场馆为会展的举办提供场地设备。服务商策划会展后与参展商商定流程，由参展商直接提供展品或服务，实现举办方、服务商、参展商的三方合作，推动商业贸易或公益活动的进行（图13-1）。当然，智慧会展建筑也有附加功能，多功能展厅除了能够举办会议和展览，也可举办年会、文体活动等其他大型活动。

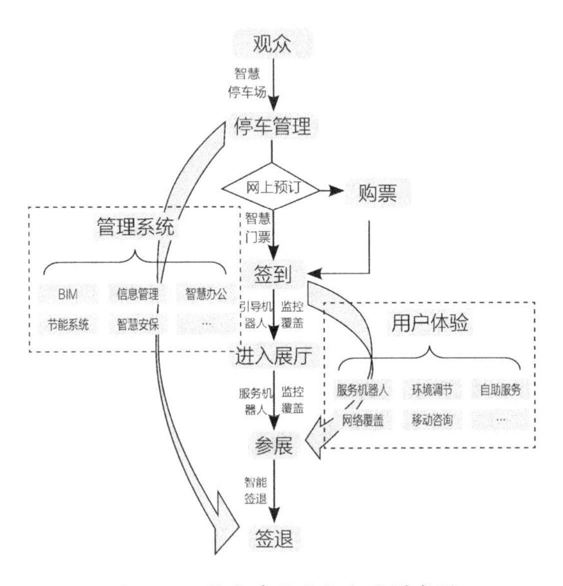

图13-2　展会建筑主体行为模式图

智慧会展利用计算机技术、信息通信技术、物联网等技术，作用于会展的软硬件设施，使智慧会展能实现智慧旅游、智慧交通、智慧商务、智慧安防等智慧化服务相联通。观众参展时能够享受智慧化服务、信息可视化、服务人性化，加强参展体验感。在会展组织中运用各项技术，根据人流线考虑功能分区、施工可行性，确定整体展示流程、展示项目、库存区、休息区等功能需求，充分满足大型展会的流线、参观、安全等需求（图13-2）。

会展建筑对举办方、服务商、参展商、观众四方提供服务，在不同的位置发挥作用，建筑所采用的技术、实现的功能、提供的服务都对智慧会展的顺利进行发挥重要作用。

13.1.2　智慧会展的建筑体系架构

智慧会展建筑的体系架构（图13-3）分为信息感知层、信息处理层、信息输出层和应用层。通过智慧建筑体系架构使会展建筑更具高效性、便捷性、节能性、安全性等。

智慧会展建筑体系架构根据传感器感知采集到相关信息，利用互联网信息管理设施优化建筑的组织、策划、沟通、控制程序，让会展资源实现合理配置。通过感知与监控会展

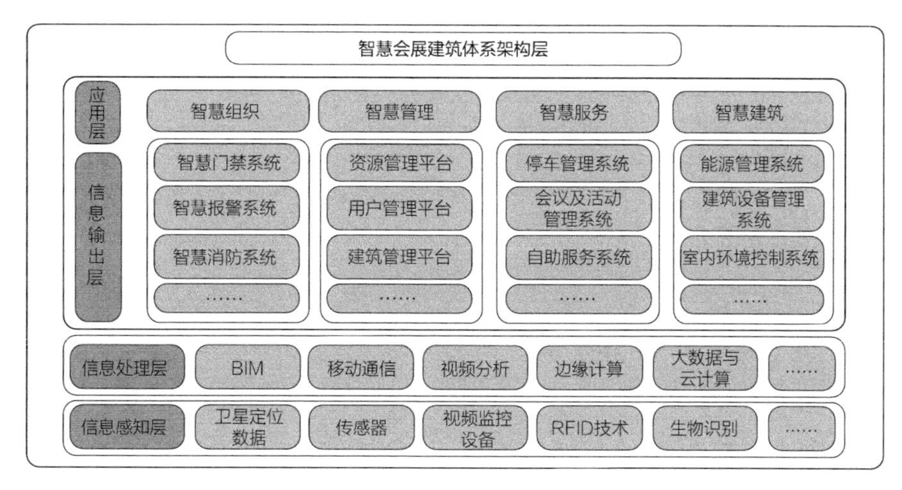

图13-3　智慧会展建筑的体系架构图

期间的活动流程，实时记录会展全程，预判和及时化解可能存在的危险事态，使活动开展得更加顺利和安全[341]。

信息感知与信息采集是智慧建筑数据来源的基础。建筑的智能化平台可对视频监控设备、自动检测系统、生物识别系统、卫星定位系统收集到的数据进行数据管理和计算，并向上传输至数据库，作为数据库的基础数据。展馆的智能大脑可根据数据向下传输至输出设备。输出设备则根据平台输出的信息输出至建筑系统或平台。

信息传输交换可利用有线网络和无线网络。有线网络包括骨干交换网络、通信公网、各类专网以及网络交换设备。无线网络包括短距离通信网络和远距离通信网络。

信息平台包括物联网平台、大数据平台、数据库等。智慧会展建筑将环境、能源、安保等信息传输至数据平台进行整合、交换、处理，再将数据信息交换或传输到平台进行加工计算，最后将其输出应用于建筑的舒适度调控、智慧服务、智慧安保、智慧消防、智慧能源等系统或设施。

13.2
支撑平台

智慧会展的支撑平台是依托互联网技术构建的一个连接会展各个系统的会展建筑管理平台。该平台能够联通会展各个系统，可以通过操作支撑平台对其所连接的会展建筑子系统进行控制，也可以通过平台登陆智慧会展的数据库，查询设备的运行日志。

13.3 应用平台

13.3.1 资源管理平台

企业资源管理系统（Enterprise Resource Planning，简称ERP）是一种以互联网信息技术为基础的重要管理软件，是以系统化的管理思想为企业的管理层决策人员以及工作人员提供决策依据的管理平台[342]。在会展中应用ERP系统，可以将会展的资源进行有效的整合。

13.3.2 办公管理平台

票务管理系统（Tickets Management System）由库存管理子系统、售票管理子系统、检票管理子系统、财务结算子系统、中心管理子系统、统计分析及决策支持管理子系统、客户关系管理子系统等组成。它采用计算机管理手段和通道控制技术，实现票务管理和客流统计功能。特大型、大型、中型、会展建筑常设置票务管理系统，提高会展建筑的效率，发挥其办公管理功能[343]。

办公自动化系统（Office Automation，简称OA）是一门综合性技术，建立在企业网络平台上，旨在帮助企业实现动态的内容和知识管理。在会展中使用OA系统，能够提高人员工作效率和企业的运作效率，提高建筑运维能力[344]。

13.3.3 信息展示平台

信息显示系统由视频信号源、控制主机、前段显示屏幕及配套软件等组成，能够满足展览、会议期间人员对展览信息、会议信息的需求。多媒体公共信息查询系统支持视频、音频、动画、幻灯片、文字等格式，具有展区参展信息的检索、查询和导引等功能。特大型、大型会展建筑常设置信息显示系统和多媒体公共信息查询系统。

13.3.4 建筑管理平台

楼宇自动化系统（Building automation system，BAS）是将建筑物内的电力、照明、空调、防灾、安防、广播等设备以集中监视、控制和管理为目的而构成的一个综合系统，是建筑智慧化的基础[345]。该系统在会展建筑中可将能源消耗设备和安防设备等进行集中管理，大大提高了会展建筑设备管理的便捷性。

13.4 智慧会展应用

13.4.1 室内环境与舒适性

1. 智能照明系统

会展建筑的照明自动控制包括但不限于：环境感知控制、人体感应控制、声光感应控制、情景模式控制等由感应器控制的照明设施和由APP控制的调光控制等各类智能照明设施。

传统的照明模式为人控制照明开关。声控灯、光控灯的出现和普及使建筑照明的自动化上升了一个大台阶。近年来Wi-Fi技术、数字孪生等新兴技术不断发展，高新技术被逐渐应用于生活的各个方面，照明系统也进行了大幅度的优化。多功能传感器，如物理传感器、行为传感器等被逐渐应用在照明系统中，多样化的控制模式使智能照明系统更加智慧。

对会展建筑这种大型公共建筑来说，初级的智慧化控制告别手动控制，采用远程调光控制，将操控台转移至移动设备，负责人通过移动设备便可轻易调节展馆内照明。较高级的照明控制系统则能够在环境达到一定条件时调节光源，通过传感器控制系统，利用声、光、行为等传感器收集数据或利用环境感知技术、情景模式控制等技术控制照明设施。

更高级的照明控制系统能够利用建筑的"智慧大脑"，使建筑能对传感器、监控、可被识别行为的穿戴设备等技术所获得的数据信息进行筛选、处理并深度学习，从而自动调节光照亮度，满足用户需求。

照明控制系统同时兼备可调控性和节能性的特征。深圳国际会展中心（图13-4）利用高效LED灯具提高光照效率，照明功率密度设计值在地域标准值60%以上，可达到年节电量220万kW·h。楼梯间及前室照明设声光控感应装置；展厅照明灯具采用Dali数字化可寻址调光智能控制模块，实现对任意一盏灯的控制；地下室、中廊、公共走道、会议厅等公共场所采用智能照明开关模块，配合光感应器进行回路控制；局部区域采用调光控制，各照明系统可根据运营需要进行分区、定时、感光等控制，以实现节能环保[346]。

图13-4　深圳国际会展中心

2. 室内空气质量

雾霾、甲醛的危害和新型冠状病毒的传播引起人们对空气质量的关注。会展建筑空间大，活动举办规模大，开馆时人流量大，建筑室内空气质量的检测和通风环节至关重要。部分展品对展馆内的空气质量有所要求，会展建筑中常安装空气质量监测装置，监测PM_{10}、$PM_{2.5}$、CO_2等浓度，并设置室内空气品质监控系统，尤其是监测地下停车场、地下办公区等开放性较弱的空间。空气质量监测装置所收集的与空气质量相关的信息通过连接显示屏实时展示。

适用于会展建筑的通风系统主要为智能机械控制系统和新风系统。智能机械控制系统采用计算机网络控制技术、智能技术，实现通风设备和门窗开关的自动化管理。新风系统是为满足卫生要求、弥补排风或维持空调正压而向空调房间供应经集中处理的室外空气的系统[347]。新风系统具有提供新鲜空气、过滤有害气体，防霉除异味、防尘、减少污染、安全方便等优点[348]。新风系统在不同地区设置为风机盘管结合新风系统、辐射供暖结合新风系统等不同类型。例如处于热带季风气候的地区，具有雨量充沛、空气湿润、风量大的特点，该地区的会展建筑采用送风量大、室内人员冷风感弱的有管道式吊顶全热交换系统更为合适。

深圳国际会展中心为保证展厅、会议、餐饮等具有良好的空气流动性和洁净度，根据不同环境调节环境的新风量，并安装二氧化碳监测装置实时监控室内空气质量，保证空气的质量。

3. 温湿度控制系统

智慧会展建筑除了需要满足人体对环境温湿度的需求，还需要满足展品对环境的要求。调节室内温湿度的主要设备为空调，会展建筑所需空调的智能化可体现在空调的自控系统。

空调自控系统可采用直接数字式监控系统（DDC系统），控制通风系统的启停、空调机组变风量、锅炉出水温度，显示风机、制冷机的运行状态，通过传感器进行监测查找问题，超限报警和故障报警[349]。在其使用方面，可采用分布式冷站的冷源规划设计，基于消防水池的水蓄冷系统以及高效节能的智能型分层空调系统能够在调节室内温湿度的同时降低能耗。

温湿度独立控制空调系统可以解决传统空调系统存在的卫生条件差、热舒适性不佳等问题。温湿度控制包括中央自动控制器、中央恒温器等，能够通过中央恒温器等设施，集中控制整个展馆的温湿度[350]。同时，温湿度控制系统具备单独的房间控制系统，能够局部控制展馆内各个展厅的温度。

会展建筑也会设置室内舒适度监控系统，实现系统数据的实时显示与储存，并能将温湿度限制设定范围，实现空调系统与新风系统的联动，从温、湿两方面入手进行协调配合，可以更加精准地把握室内温湿度，提高用户体验。另外建立反馈系统，为系统的学习提供经验，能够更好地提供服务。

13.4.2　用户体验与服务

1. 智能车辆管理系统

会展建筑作为大型公共建筑在承载大量人流的同时，也承载了大量车流。为了保证车辆的安全与交通的顺常，智能化车辆管理系统显得尤为重要。智慧城市中智慧停车场建设不断优化，利用地干线图、LED诱导显示屏、车位检测器、车位占位器、终端查询平台等设备对停车场进行监控；组织了基于双频多跳的无线Mesh网络与系统互接；可实现快速找到停车位、降低车辆绕行距离、有效避免造成停车场内外的拥堵和快速支付[351]（图13-5）。南通国际会展中心采用视频车牌识别技术，针对出入库车辆提供无卡管理、出入许可、计费结算等智能化服务，提供入库车位引导，具备语音对讲、车牌识别、图像显示等功能，实施一账一号一车管理模式，满足车库的日常管理需要[352]。

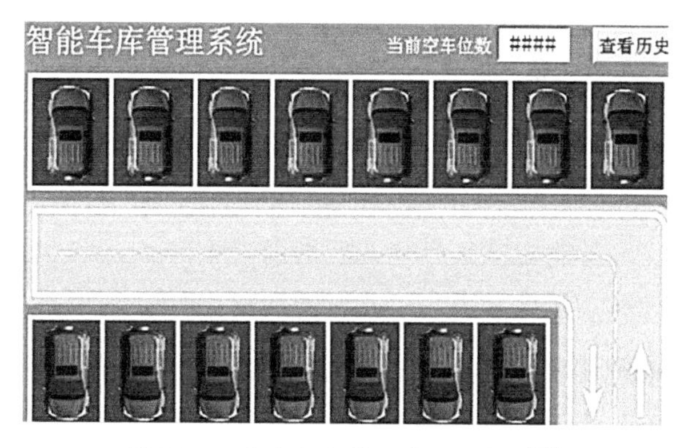

图13-5　车库数字管理系统效果图[353]

为提高停车场运作效率，减少停车消耗时间，停车平台可为用户提供一个最优方案，方便用户的停车与寻车。用户能够通过出入口终端查询平台或安装手机APP进行车位寻找，也能够通过终端或移动设备进行车辆查找。用户可以在APP内支付停车费用，也可以通过扫描出入口二维码实现快速支付。

车辆道闸控制系统作为停车场的出入口，是车辆进入停车场要过的一道关卡。通过在停车场出入口安装车牌识别摄像机，对车辆牌照进行识别，将车辆通行记录数据存储。当车辆驶入停车场后，停车场的智能视频监控系统可记录车辆行踪，进行车辆定位，将信息上传至计算平台，防止停车场内出现车辆拥堵的现象。

另外，新能源电动汽车正在全国各地推广，各地多家停车场内设立了智能充电桩，使电动汽车能够在停车场内实现智能充电。用户同样可通过终端或移动设备控制车辆的充电服务，设置定时断电和线上支付。部分城市电动自行车的数量庞大，故停车场也可以为电动自行车设立充电桩，使电动自行车也能获得电量补给。

2. 自助服务系统

无人售货商店、自助贩卖机、电子版地图、自助餐食自助取票等设施满足参加活动人员的基本需求的自助设施。顾客凭借电子身份证或二维码自由出入场馆，用户信息与用户签到信息连接，能够实现随时调用。参会人员在无人售货商店或自动贩卖机取货后，可通过人脸识别等形式自动扣款，销售设施可自动入账。例如，深圳国际会展中心也具有精心设计的餐饮布局，包括标准展厅餐饮布局负责工作人员与安保人员的用餐需求，特殊展厅餐饮布局满足在展厅举办大型活动时的餐饮需求[354]。用户对展馆提供自助取票服务、网络订餐服务、移动支付、智能快速应答机等要求居高，对扫身份证（条形码）入场、展会官方主页信息展示等的满意度居高[355]。这说明会展建筑应在自主化服务方面的投入力度加大。

3. 智能会展机器人

智能机器人产业的发展前景十分广阔，市场潜力巨大，在智慧展馆建造和使用过程中也能起到非常大的作用。在展馆建设过程中，建造机器人可以帮助建材生产；运输机器人可以进行展品运输；服务机器人可以在访客来访时接待访客（图13-6）；引导机器人可以为访客引路；销售机器人可以在展会销售区帮助展示；移动充电机器人可以为其他需充电机

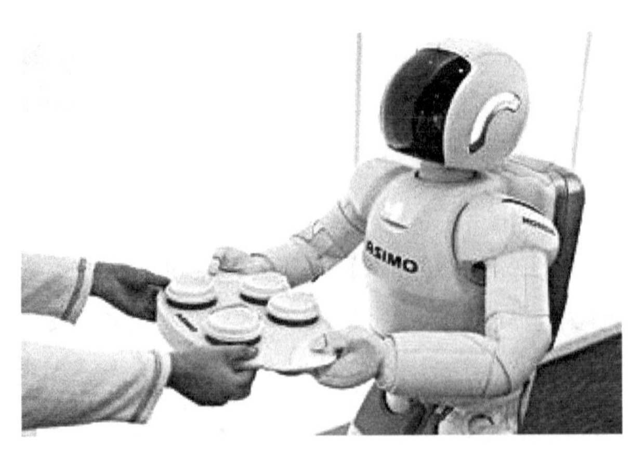

图13-6　智能服务机器人

器人或设备补充电量等。机器人技术的发展对智慧建筑舒适性的提升也有一定的促进作用。

13.4.3 安全与消防

1. 信息安全

目前，Wi-Fi系统、信息与通信网络、云计算、边缘计算、物联网等信息技术不断发展。这类基于数据的高新技术在给我们的生活带来方便的同时，也使数据安全问题变得越来越重要，信息安全的保护变得刻不容缓。会展建筑的信息采集层会获得园区内各区域的视频信息、视频分析信息、车辆及人员信息、环境信息、展品信息等。信息的泄漏会为各方带来严重的后果。信息安全的保护应从网络安全、数据安全、应用安全等方面入手。

网络安全应采用网络隔离、防火墙等手段建立网络保护屏障，阻挡网络攻击，降低网络风险。数据安全可采用认证与授权机制，利用用户身份认证、权限认证、消息认证等方式建立用户之间的安全通信渠道，也可采用信息加密机制，针对不同的数据信息采用公用密匙或私用密匙，保证信息内容的安全性和完整性。天津国家会展中心包含组网架构、上网数据过滤、访问日志留存、安全可靠运维等架构[356]，保证机房物理安全，避免造成行政处罚的风险。

在建筑的实际运营过程中，部分数据存在本地，而剩下的数据需要上传网络，在传输过程中数据泄漏的可能性较高。在智慧建筑中，信息安全尤为重要，无论是信息的安全性受到威胁，还是信息的完整性受到损害，都会直接影响建筑的运行，降低用户体验。智慧会展建筑的正常运行需要大量的数据信息，数据处理的节点繁多复杂，用户体验、安全、资源等任一方面出现纰漏都会影响会展的正常进行。所以，提高建筑信息的安全系数，保护信息数据的安全成为一项非常重要的任务。

2. 视频监控系统

视频监控在安全管理方面起到重要作用。智能视频分析技术的核心为视频分析功能，这也是与传统视频技术不同的特点。智能视频分析技术包括警戒线跨越检测，警戒区域入侵检测，目标出现监测，目标离开检测，物品遗漏检测，物品消失、被盗、移动监测，区域稠密监测和运动目标数量统计等功能。

在会展建筑中，视频分析技术被应用于各个方面。会展建筑常配备库房、配电室、操控室、办公区等房间，该类区域通常不对外开放。若有外来人员误入或闯入，智能视频监控系统则可得到信息，并通知工作人员，以便工作人员及时处理，避免造成不必要的损失。而且，智能视频分析技术在休馆期或活动准备期也可以发挥作用，监测分析物品情况，或自定义监测物品的消失、移动情况，能在物品被搬移时立即警告或在拿走一段时间未放回原位置时发出警告，甚至能够在监控区域定位物品的移动情况，随时记录物品信息[357]。

另外，视频监控系统也可以承担统计运动目标数量的功能，能够自动监测视频画面中的移动目标，统计参与活动的人员信息，将数据上传至数据计算与管理中心，以便进行会展人流的统计分析。

2015年中国电信在中国国际信息通信展览会上便采用实时监控录像浏览、声光告警等应用。天津国际会展中心更是将视频监控系统兼做综合安防管理平台，通过视频监控平台实现视频、报警信息的快速高效处置与联动功能。天津国际会展中心将视频监控系统、一卡通门禁管理系统、电子巡查系统等协同运用，实现由周界防护体系、建筑边界防护体系、重点部位防护体系组成的层级递进式的安防体系，发挥综合应用的优势。

3. 智能门禁系统

会展建筑的感知层可获取园区内各区域的视频和视频分析信息、各重要出入口的视频抓拍信息和分析信息、园区内的安全巡查信息和交通管理调度信息等。利用智慧门禁系统匹配参会人员的信息，可筛选未经过正常途径进入场馆的人，有利于维持场馆秩序。

在举办会展或其他活动时，展馆工作人员或活动组织相关人员，在进入展馆后需要进行签到，并确认工作人员的权限。参加活动的人如参展商、观众等也需要通过一定的方式进行签到或登记。随着计算机技术的发展，无纸化办公在逐渐普及，签到也由纸质化手写登记，逐渐变为信息化登记。例如，当观众进入参加会展时，可以采用二维码扫码的方式进行登记，以避免在展馆门口造成拥挤或堵塞。

传统的身份验证方式如证件、磁卡、钥匙容易丢失或复制，采用口令和密码又容易泄漏或遭到攻击，用户安全难以得到保证。这种情况下，门禁系统便需采用新兴技术解决丢失或隐私泄漏的问题。新兴起的生物特征识别技术不但不会丢失，而且可复制系数难度高，能够更好地保护系统安全。生物识别技术利用人体自身固有的生物特征如指纹、声音、虹膜、手掌静脉血管纹理来进行身份识别。会展建筑可应用生物识别技术控制门禁，设置权限，以此来保证建筑系统的安全。

4. 智慧消防系统

公共建筑中的消防系统是人身财产安全的重要保障系统。智慧消防系统（图13-7）是能运用互联网技术、数字通信技术、移动定位技术，完成信息的收集、火情的预警、消防的反馈，实现对消防安全进行检测、火灾预警、指挥调度，能够大大提高消防救援效率的消防系统。

消防系统在进行监测时利用系统平台所获得的电气火灾监控信息、火灾报警监控信息、消防水系统监测信息、防火门监测信息、变电站视频火灾监控信息等信息，对火灾可

图13-7　智慧消防系统示意图

能发生的概率进行预判。预判后，若未出现火情，系统将对可能发生火灾概率大的设备或区域进行记录，并通知相关人员进行检修。若消防监测系统感知到已发生火灾的信息，则立刻报警通知管理部门，经管理部门上报消防部门，火情过大则直接报告消防部门。

消防安防云智慧技术是一项先进的消防技术，消防安防云在运行时能够在故障检测、报警、信息集成等方面都发挥积极的作用。在会展建筑这类人流密集区域对建筑防灾系统的需求量大，安全性和功能性的要求也更高。在智慧消防系统中应用消防安防云技术可以快速提高信息传递的速度，也能完整保留火灾信息，从而有利于开展集中化管理[358]。

特大型会展建筑常根据其建筑特点设置消防控制室和消防分控室，根据其空间功能特点及使用需求，选择火灾探测器并与消防系统联动。消防联动控制能在火灾确认后，自动打开疏散通道上的闸口机。对于装有自动跟踪定位射流灭火系统的场所，灭火装置宜由两种或两种以上不同技术手段的火灾探测器联动启动。

天津国家会展中心项目的智慧化应用体系中就涉及应急资源管理数据、应急预案管理数据、应急协同调动数据等数据库，能够为消防部门在处理紧急事件时提供数据支持，缩短消防救助的时间。深圳国际会展中心智能安防系统中也集合有消防系统，能够通过安全管理平台达到多方联动的效果。

13.4.4　能源节约与利用

1．建筑采光

建筑采光设计是建筑实用性和建筑节能程度的重要体现。采用新技术、新工艺，在保证室内光照需求的情况下，有效利用自然光，减少照明耗能，是建筑节能的重要手段。

会展建筑采光可依据日照时数与太阳高度角的变化，利用幕墙外遮阳设备、自调节外遮阳设备等设施进行遮阳调节，合理控制会展的自然采光。有些会展建筑为了增加室内采光，会采用大面积的采光天窗。例如，万州三峡会展中心屋面采用空心钢网架，并在天窗部分应用LOW-E玻璃，充分利用数字化体系，让屋面的天窗部分根据不同需求进行人为地启动和关闭。同时，其也采用高透玻璃及幕墙构建建筑第五立面，最大限度利用日光照明。

为了阻挡太阳直射辐射热能，降低房间得热，采光天窗上会装有铝合金遮阳百叶。如深圳市会议展览中心天窗便采用铝合金百叶遮阳，百叶采用层叠式结构，增强遮阳效果。深圳国际会展中心减少玻璃幕墙面积，利用大挑檐遮阳通风，采用LOW-E中空玻璃，从而实现建筑节能目标。

最基础的遮阳设施为固定外遮阳设施和固定内遮阳设施。与可调节的自遮阳设施相比，固定的遮阳设施不能根据采光条件和采光需求进行自调节，建筑能动性降低，也造成能源的浪费。自遮阳设备包括活动外遮阳设备、中置可调节遮阳设施和可调节内遮阳设施。会展建筑属于大型建筑，建筑空间大，人员常在同一时间集中。智慧会展的建筑可采用建筑幕墙中的玻璃幕墙，外遮阳设备如瑞士再保险总部大楼采用的电致变色玻璃，能够同时满足建筑的实用性和观赏型需求（图13-8）。中置可调节设备如中空玻璃夹层，可以在节约大量能源的同时在玻璃两侧形成温度差。

图13-8　瑞士再保险总部大楼

2. 能源管理

能源管理也是公共建筑应注重的方面，包括水、电、光、气、热等方面。节能并非只有节水和节电两个方面，建筑设计时应从多角度考虑节能，采用节能设备和节能设施，考虑建筑材料的合理使用、建筑采光的高效设计、水资源的节约利用、冷热源控制与热能回收利用等方面。北京雁栖湖国际会展中心采用自然通风、地道风、自然采光、屋檐自遮阳，降低能耗。深圳国际会展中心则所有的电梯、风机、水泵、变压器等均选用节能设备。

节水常遵循“开源节流”的原则。开源即水的循环使用，例如空调水可流入蓄水池作为消防用水；节流为节约用水，采用耗水量小、效率高的设备，例如应用感应式水龙头。雨水的回收利用也是开源的一种方式，通过下沉式绿地、节水花园、绿色雾灯等措施将雨水收集起来用于绿地灌溉，收集雨水净化后作为空调冷却塔补水等。

用电相关技术应涉及预测用电、现场可再生发电、配电自动化管理、余电储存等，其中智能微电网技术、配电自动化管理技术等运用于会展建筑较多。

配电自动化管理系统是个庞大的系统，在配电网络自动化成为趋势的今天，配电网自动化系统凭借搜集信息可靠、传输下达及时、效率快的优点在推动我国电力技术的发展中承担重要的角色。配电自动化系统由配电自动化管理系统、数据监测与监控系统和用户自动化与需求管理等部分组成[359]。

分布式发电供能系统既可以发电，又可以供冷、供热，大大提高能源利用率。但由于分布式发电会给其带来许多不可控因素，于是各国便展开了微电网的研究。我国对微电网的定义是：以分布式发电技术为基础，依靠分散性资源或用户的小型电站为主，结合终端用户电能质量管理和能量梯度级利用技术形成小模型板块化、分散式供电网络[360]。智能微电网是微电网的智能化，通过采用通信技术、计算机技术和控制技术等，使微电网能够满足用户对电力、能源和环境等各方面的需求。

会展建筑举办活动的耗电量巨大，即使在休馆期间维护会展必需用电量也不小。智能微电网技术运用在会展建筑上，不仅能够满足会展建筑大量用电的需求，还能将多余电量储存起来，实现资源的有效利用。

除此之外，深圳国际会展中心建立消防水池的水蓄能系统，与常规的中央空调相比，水蓄能系统每年可减少白天用电量约420万kW・h，提高电网的夜间使用效率，为城市电网的节能运行做出贡献。

3. 可再生能源的利用

实现建筑的节能需要从降低消耗、提高能源利用率、利用可再生能源三方面入手。建筑消耗主要集中在照明、采暖、空调、热水供应、烹调、家用电器以及办公室设备等方面[361]。会展建筑的建筑消耗主要在照明、空调、热水、设备应用等方面，在该方向减少消耗，便能提高建筑整体的节能性。如深圳国际会展中采用空气源热泵制热水技术，吸收空气中的低温热量，将经过压缩的高温热能用来加热水温，提高用电效率。

从降低消耗方面入手可以选择低耗能系统，如建筑冷热源控制系统。冷热源控制系统中的技术如燃气发电冷热电三联供技术、蓄冷蓄热新技术、分布式供冷供热技术等都为冷热源控制系统的发展提供支撑。会展建筑可以采用这类技术降低建筑的能源消耗。

可再生能源如太阳能、风能、潮汐能等，都可以运用在会展建筑中。部分地区可依据纬度优势和地形优势，利用太阳能资源。建筑节能的实现既能降低消耗、提高能源利用率，又要利用可再生能源。太阳能技术可以为建筑提供电力、热水、采暖、制冷、通风等需求。太阳能储存与利用可用于发电等。会展建筑可利用太阳能的光热应用，将太阳能转换为热能直接利用，或将获得的热能转化为其他形式。另外，海水也可以作为一种可循环使用的能源，通过海水淡化后供给使用，渗透后作为空调冷却循环水使用。

13.5 发展前景与展望

会展业作为现代服务业的重要支柱之一，全球市场规模与市场影响力与日俱增。在全球会展业向新经济体转变的大背景下，我国的会展业正在迈向高质量发展新阶段。在机遇与挑战并存的时期，智慧会展的出现和发展对会展业的发展速度也产生了巨大的影响。

由于智慧会展的办展质量不断提升，其对会展建筑的智慧性要求也在不断提高。在展台搭建、通信、交通、住宿、金融的专业配套设施外，还需要采用“互联网+会展”的模式，达成线上线下高效联动，实现在线直播、在线展厅、在线推介会等方式。会展建筑作为公共建筑的一部分，智慧建筑技术可为会展建筑功能提供技术支撑。

如今可实现三维会展，实现线下实体展览与线上虚拟展览的融合。基于智慧会展提供的一站式会展服务互动平台，通过展会网站可以使用VR方式远程查看场馆布局、配套设施情况、相对位置、空间状况，以及展会布展的时间要求。依托会展提供的一站式会展服务互动平台，通过展会提供的移动端软件，可以查询展会的相关信息。结合BIM和GIS技术，可以对场馆内固定位置的配套设施和商务服务网点进行定位，获得各个展会布展情况、场馆入口信息、展位信息和路线服务。

智慧会展还有很长的路要走，但在智慧建筑技术的支撑下，其前景仍然光明。

第14章　智慧商场

14.1
概况

消费活动是人类生存与发展的最基本的活动形式。新零售是基于大数据分析、人工智能等信息技术发展而产生的一种新的业态模式，其革新之处在于对传统零售“人、货、场”核心要素的转变[362]。商业空间作为承载消费行为的主要场所，其建设速度和规模惊人[363]。《商店建筑设计规范》JGJ 48—2014中提出商业建筑划为商店建筑、百货商场、购物中心等类型。商店建筑按使用功能可以分为营业、仓储和辅助三部分[364]，是为商品直接进行买卖和提供服务供给的公共建筑。

综上所述，智慧商场即是在新零售趋势下产生的以互联网为依托，运用大数据、人工智能等先进技术手段，对商品的生产、流通与销售过程进行改造升级[365]，能够结合购物、休闲、文化、娱乐、饮食、展示及咨询等设施于一体的商业设施。

智慧商场的内涵包括：前台交易的智能化，商品进货、补货以及物流流转的智能控制，客户识别及资料收集、分析的智能化，人员设备管理控制的智能化，供应链管理的智能化等[366]。在如今智慧城市不断崛起的背景下，智慧商场为人们提供的智慧型购物服务符合新业态下消费人群的需求。

14.1.1　商场运营管理模式

传统零售业的市场规模庞大，提供商品可视性、可听性和可触性的体验，促销活动组织方便，自然流量高。新零售业联系线上渠道，多平台推广，多方式运营，建立起以消费者为中心的数字化管理模式，重构供应链系统、营销系统。智慧商场将传统零售业和新零售业结合，对商品的生产、流通与销售过程改造升级，满足销售和建筑的两方面需求。

智慧商场的运营管理模式如图14–1所示，包括运营、物业、行政、财务等部门。运营决策管理包括管理项目的基本信息、各业态信息等。物业部门管理停车场状况、突发事件情况、保险理赔、工程信息和保洁情况。行政部门负责人员的管理，与政府、媒体、社区等进行对接。财务部门负责商场的整体销售情况、周期工作重点和执行情况等。

智慧商场以消费者需求为核心，对外表现为大数据驱动下的供应链、个性化消费体验，对内则是管理智能化。智慧商场的管理团队依托大数据等技术，拓宽数据渠道，加强分析能力，最终作用于消费者体验和商场服务。

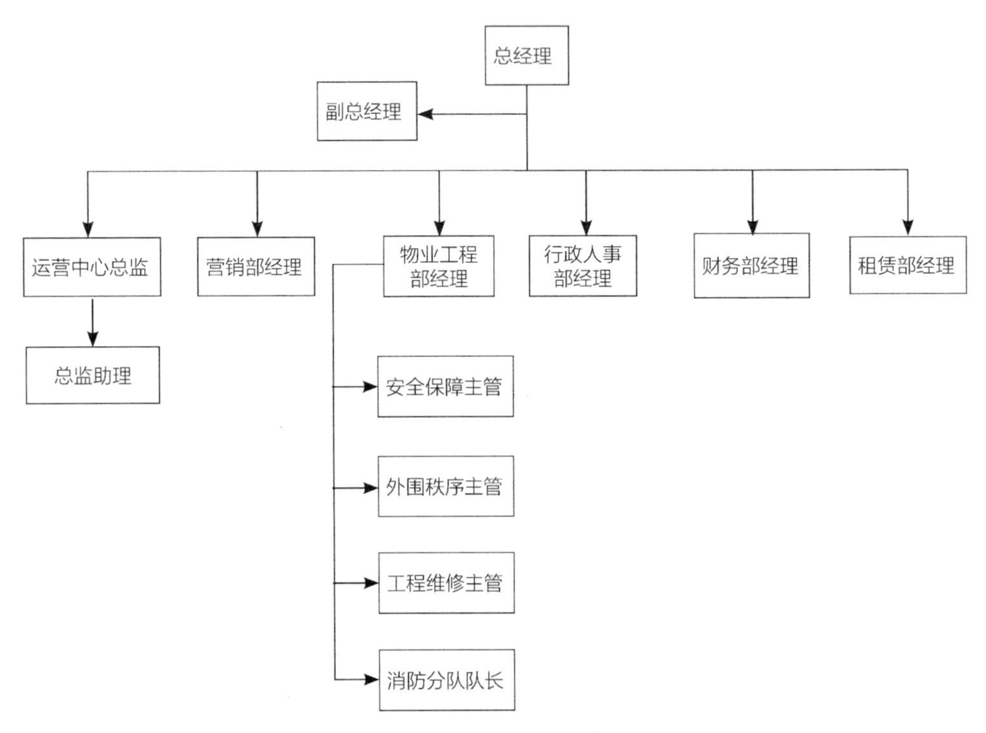

图14–1 智慧商场的运营管理模式

14.1.2 智慧商场系统架构

智慧商场通过远程控制、机器人技术、传感器技术、视频监控设备、生物识别技术等感知设备或技术，收集数据，并将其进行分类储存。所得数据上传至数据处理平台，利用数字孪生、无线网络、大数据与云计算、边缘计算等对数据进行分析、处理、运算。经处理的数据传输至输出层，应用于智慧商店建筑各方面的子系统，例如智慧运营应用下的物业管理信息系统、智慧安防下的楼宇设备监控系统等。各技术、设备、系统、平台的综合应用和运营构成智慧商场建筑（图14–2）。

图14-2　智慧商场体系架构

14.2
网络设施与信息平台

数字化运营管理平台利用物联网技术搭建通用数据中心，将各个子系统的数据进行统一储存管理，灵活运维场景需求调取所需数据，为场景再造提供机构基础，实现集中管理、自动化管理，以便达成降低人工成本、降低运行能耗的目标。数字化运维管理工具包括数据运维、服务运维、系统运维三大功能。数据运维包括数据处理、数据接入功能；服务运维包括服务管理管理、参数配置功能；系统管理功能包括安全管理、系统监控、系统扩展等功能；运维工具功能包括系统备份和系统防灾功能。数字化运维平台可在智慧建筑中实现数据检验、纠正、兼容、清理、备份、模拟、转发和故障定位等功能。

例如万达广场的“慧云数字化管理系统”，共有设备管理、安全管理、品质管理、运营管理、能源管理、综合管理、资源管理7个功能，其下共设有视频监控、暖通空调、给水排水、变配电监控、公共照明、防盗报警、门禁管理、客流统计、停车管理、电子巡更、信息发布等16个子系统。这些系统能够建立一个商场建筑的运营管理平台，为商场的管理节约人力、物力成本，也可以节约能源。

在数字化管理系统下，各管理系统各司其职。设备管理包括对暖通空调、给水排水、照明系统等参数的收集与设定，完成报警故障收集与排查；安全管理包括对消防报警、电梯报警、视频监控、门禁报警、防盗报警等安全问题进行集中高效管理；品质管理对温度、湿度、空气含量、噪声等进行实时监测，联动空调、新风、灯具等环境设备进行监控和管理；运营管理包括对开闭店、客流统计、停车管理等经营类数据查看及统计分析；能源分析对能源计量等数据查看及统计；综合管理对人员及后台管理；资产管理是对广场核心设备、重要机房、经营数据进行可视化管理。

数字化管理平台综合子系统可视为智慧商场建筑的大脑，有利于管理者对其监控、科学决策和报错分析等。

14.3 智慧商场管理系统

14.3.1　智慧停车系统

传统停车场主要在车库出入口进行管理，可通过车牌识别、人车复核等技术实现出入口控制、监控、计时收费等功能。基于电子支付、ETC等技术的发展，停车场加入了车位引导、车道报警等功能。目前国内大部分停车场的内部还处于原始的人工管理阶段，仍然存在车位的查找、反向寻车、车辆状况的监控与报警、车位存量的统计、车辆的引导、充电桩的使用等问题。

而今，随着人工智能、大数据、物联网、云计算技术的兴起，停车场加入了诸如自动泊车机器人系统等新系统，创新了共享与预约停车位、室内导航、数据分析等新技术[367]，增加了车位预报、反向寻车、车损报警等功能。停车管理系统的设计注重采取先进技术对车辆与车控信息识别和停车场信息的智能储存与管理[368]。

智慧停车系统中包含了正向寻空、动态反向寻车、车位预约、车位监控、充电桩管理等功能。该系统能够提升整个停车场的智能化和信息化程度，将原来需要人工处理的问题交由智能设备处理，节省了大量的人工成本，保证了各种数据能够及时、准确、有效地获取、储存、传输和分析。

14.3.2　智能消防与电气控制系统

消防系统是建筑安防的重要组成部分。智慧消防结合新一代的先进技术，将消防安全管理模型与创新技术相结合，实现了信息感知、集成和融合。智慧建筑中以高度的感知性、连通性和智能性来智慧地响应消防安全管理的需求，满足消防安全管理的各个方面需求并优化消防资源配置。

智慧商场中常采用智能灭火与电气控制系统以保证生命财产安全和建筑安全。该系统采用智能灭火装置，24h工作，当设备监测到火灾后打开相应的电磁阀，启动水泵进行灭火，并反馈信号到联动柜。该系统具有自动控制和手动控制两种状态，灭火装置预留有与火灾自动报警系统联动报警无源触点接口，可以方便地实现对系统的火灾报警控制器的统一监控管理。在夜间或节假日期间可将系统置于自动控制状态，该工作状态下，系统自动进行火灾探测、启动相应自动（智能）扫描灭火装置及消防泵实施灭火，灭火后系统自动停止，如有复燃，则自动启动，无需工作人员操作。手动控制状态在白天有人值班、人员活动频繁时打开，以避免系统突然启动造成的人员恐慌与拥挤。此工作状态需要值班人员确认火灾，手动启动消防水泵和相应的自动扫描灭火装置实施灭火。

14.3.3　能源管理系统

智慧商场的能源管理系统控制用电、照明、燃气等系统。能源管理系统设置剩余电流电气火灾报警系统、弱电系统等，联动空调、水泵、送风机等设备。该系统常具有探测漏电电流的功能，漏电报警可存储故障和操作信号。

能源管理系统下含不同子系统，配有不同的设施。供电系统设置火灾自动报警设施；照明配电系统设置电流调节，调节光源；通风与温室控制，设置空调自动启停与变频；弱电系统设置禁区，含有能保证自身安全的防护措施和进行内外联络的通信手段，设紧急报警装置和向上一级接警中心报警的通信接口。

能源管理系统在智慧商场建筑中不可或缺，为大型公共建筑节能提供保证。

上海万达产业园区集百货、商业等功能为一体。在传统建筑的基础上加入围护结构设计、冷热源设计、遮阳设计、充电桩设计和智能节水节电设计。其所含有的能源管理系统与慧云数据运维平台连接，以界面嵌套的方式接入慧云平台，为慧云平台提供优质的能源数据，制定完善的节能策略，挖掘建筑设备的节能潜力。用户也可以通过集成平台查看能源管理系统提供的能源数据，监控万达广场的总体能耗情况。

14.3.4　客流监控系统

商场本质是大型消费场所，商场建筑应为商场功能的实现提供设施基础。智能商超系统能为商场统计、宣传、销售提供一种智能化解决方案。智能商超系统主要分为五大模块，即客流监控、宣传分析、促销分析、销售分析和产品分析，其中客流监控模块是其他模块的基础[369]，实现对客流聚集的自动化监测势在必行。

市场上存在多种客流统计分析系统，包括但不限于：基于Wi-Fi探针的客流统计分析系统，视频客流统计分析系统和基于立体视觉的客流监控系统。客流监控系统可计算出商场甚至店铺内外的人流量和客流量、新老顾客数量等数据。除此之外，该系统还可以将实时的门店客流量、跳出量等数据图表化[370]，并且统计出每小时的客流量和进店人数，有助于商场进行客流分析与营销策略的调整。

零售百货业受人为因素影响较大，故根据客流情况了解顾客的购买需求和行为特点，深入研究客流规律，从而制定更加符合顾客需求的销售方案，能够保证企业的长远发展。

14.3.5　无人售货系统

传统物联售货模式存在商品购买过程不方便、管理运维成本高、商品推荐难度大等问题。随着新零售逐渐成为社会不可逆转的发展趋势，无人售货模式兴起。

无人售货系统能够实现物联售货功能，并对商品和自动售货机设备进行统一管理。该系统由客户端和物联云平台两部分构成。客户端可以实现扫码识别、用户认证、商品呈现及物联网云平台对接等功能；物联网云平台实现用户认证、交易支付、商品信息管理等业务服务功能[371]。

除此之外，无人售货系统还包括推荐引擎，其由人机交互、结构化表征、推理决策、数据存储4个功能模块组成，能够对推荐算法进行详细论述，推荐回答，并在完成商品推荐后，在实时库中找到最合适用户的商品呈现给用户。无人售货系统通常离不开自动售货机。自动售货机包括弹簧式、履带式和格子便利柜等多种类型，其背后常由自动售货机控制系统所控制。在无人售货业的大力发展下，无人售货系统和自动售货机控制系统等系统逐渐实现多产品覆盖，并可以实现节能需求。

14.3.6　语音识别的交互系统

在智慧商场中，多处需要应用语音识别交互系统，例如访客引导、地下停车场引导、语音播报等。语音识别交互系统的目标是捕捉人的听觉语音信号，并将其处理为文本的形式[372]。语音识别技术的发展受限主要表现在：噪声干扰下的声音辨识度低，方言辨别困难，语音识别系统的学习能力不足，理解能力有限。但在语音识别技术的不断发展下，语音识别系统能够进行迁移学习、自适应调节、实现远场交互。

智慧商场中应用语音识别的有销售时的交互和设置时的交互。销售时的交互是消费者与系统的交互，可为无人售货提供条件。语音交互系统通过语音识别技术、嵌入式、通信技术等将终端零售及其产品与语音应用相结合，实现零售及其产品语音智能控制。设置交互是管理者与系统的交互，利用语音对销售系统进行设置。

14.4 发展前景与展望

在消费经济的刺激下，商业建筑兴建的规模和速度惊人。为了实现有效率、安全的目标，商场内有多种功能不同的系统，部分建筑可实现各系统信息的联达。系统的联达性表现在系统的整合，有利于于获得运营和维护上的方便，能够对日常运营进行监管，对突发状况进行监控和报警，为科学决策提供基础。

智慧商业建筑覆盖智慧建材、智慧用能、智慧安保、智慧消防、智慧管理、智慧运营、智能家居等多个方面。良好的智慧商业建筑能为客户提供精准的室内导航和求助服务，提升购物体验和效率；帮助商铺基于顾客位置推送新品广告、打折信息、购物券，提升进店率；帮助商场获取时间纬度的人流分布，便于客流管理、商铺布局规划以及消费者行为观察，促进实体商场的互联网化和智能化。

商场建筑的智慧化建设将在“新零售”的发展下逐步加强，智慧城市的建设离不开商场建筑甚至智慧型商业综合体的发展。

参考文献

[1] 程大章. 智慧建筑的期望［J］. 城市建筑，2018，6：24-25.

[2] 项颢. 智慧建筑的发展趋势及与智慧城市的关系［J］. 智能建筑与智慧城市，2019（11）：44-47.

[3] 中华人民共和国住房和城乡建设部. 智能建筑设计标准：GB 50314-2015［S］. 北京：中国计划出版社，2015.

[4] BERARDI U. Clarifying the New Interpretations of the Concept of Sustainable Building［J］. Sustainable Cities and Society，2013，8：72-78.

[5] CIEMENTS-CROOME D J. What do We Mean by Intelligent Buildings?［J］. Automation in Construction，1997，6：395-400.

[6] CLEMENTS-CROOME，D J. Intelligent Buildings：Design，Management and Operation［M］. London：Thomas Telford，2004.

[7] BUCKMAN A H，MAYfiELD M，BECK S B M. What is a Smart Building?［J］. Smart and Sustainable Built Environment，2014，3（2）：92-1011.

[8] KRONER W M. An Intelligent and Responsive Architecture［J］. Automation in Construction，1997，6：381-393.

[9] WONG J K W，LI H，WANG S W. Intelligent building research：a review［J］. Automation in Construction，2005，14：143-159.

[10] LEIFER D. Intelligent Buildings：A Definition［J］. Architecture Australia，1988，77：200-202.

[11] BRAD B S，MURAR M M. Smart Buildings Using IoT Technologies［J］. Stroitel'stvo Unikal'nyh Zdanij i Sooruzenij，2014，5（20）：15-27.

[12] SO A T P，CHAN W L. Intelligent Building Systems［M］. New York：Kluwer Academic Publishers，1999.

[13] NGUYEN T A，AIELLO M. Energy Intelligent Buildings Based on User Activity：A Survey［J］. Energy and Buildings，2013，56：244-257.

[14] WIGGINTON M，HARRIS J. Intelligent Skins［M］. Oxford：Architectural Press，2022.

[15] Zdanij i Sooruzenij 5（20）：15-27. http://www.unistroy.spb.ru/ index_2014_20/2_brad_20.pdf.

[16] WIGGINTON M，J HARRIS. Intelligent Skins［M］. Oxford：Architectural Press，2022.

[17] WONG J, LI HAND LAI J. Evaluating the System Intelligence of the Intelligent Building Systems: Part 1: Development of key Intelligent Indicators and Conceptual Analytical Framework [J]. Automation in Construction, 2008, 17(3): 284-302.

[18] KAYA I, KAHRAMAN C. A Comparison of Fuzzy Multicriteria Decision Making Methods for Intelligent Building Assessment [J]. Journal of Civil Engineering and Management 2014, 20(1): 59-69.

[19] CHEN C, HELAL A, JIN Z, ZHANG M, et al. IoTranx: Transactions for Safer Smart Spaces [J]. ACM Transactions on Cyber-Physical Systems, 2022, 6(1): 1-26.

[20] ALWAER H, CLEMENTS-CROOME D J. Key Performance Indicators (KPIs) and Priority Settings in Using the Mutli-Attribute Approach for Assessing Sustainable Intelligent Buildings [J]. Building and Environment, 2010, 45(4): 799-807.

[21] GSA, PBS-P100 Facilities Standards for the Public Buildings Service. [EB/OL]. [2020-12-01]. https://www.wbdg.org/ffc/gsa/criteria/pbs-p100, 2017.

[22] Clements-Croome D J. Intelligent Buildings: Design, Management and Operation. 2nd ed [M]. London: ICE Publishing, 2013.

[23] Arup. 2003. www. arup.com/communications/knowledge/ intelligent.htm.

[24] KERR C S. A Review of the Evidence on the Importance of Sensory Design for Intelligent Buildings [J]. Intelligent Buildings International, 2013, 5(4): 204-212.

[25] ZARI M P. Biomimetic Design for Climate Change Adaptation and Mitigation [J]. Architectural Science Review, 2013, 53(2): 172-183.

[26] JIN W. Advances in Intelligent and Soft Computing [J]. Advances in Intelligent and Soft Computing, 2012, 158: 423-430.

[27] JAMALUDIN O. Perceptions of Intelligent Building in Malaysia: Case Study of Kuala Lumpur [D]. Malaysia: Universiti Teknologi MARA, 2011.

[28] GHA ARIANHOSEINI A. Ecologically Sustainable Design (ESD): Theories, Implementations and Challenges Towards Intelligent Building Design Development [J]. Intelligent Buildings International, 2012, 4(1): 34-48.

[29] GRAY, A. How Smart are Intelligent Buildings [J]. Building Operating Management, 2006, 53(9): 61-62, 64, 66.

[30] BPIE, Is Europe Ready for the Smart Building Revolution [EB/OL], [2021-12-11] http://bpie.eu/wp-content/uploads/2017/06/PAPER-Policy-recommendations_Final. pdf, 2017.

[31] JANDA K B. Buildings don't use Energy: People do [J]. Architectural Science Review, 2011, 54(1): 15-22.

[32] GHA ARIANHOSEINI A，IBRAHIM R，BAHARUDDIN M N. Creating Green Culturally Responsive Intelligent Buildings：Socio-Cultural and Environmental Influences [J]. Intelligent Buildings International，2011，3(1)：5–23.

[33] OCHOA C E，CAPELUTO I G. Strategic Decisionmaking for Intelligent Buildings：Comparative Impact of Passive Design Strategies and Active Features in a Hot Climate [J]. Building and Environment，2008，43(11)：1829–1839.

[34] EL SHEIKH M M. Intelligent Building Skins：Parametricbased Algorithm for Kinetic Facades Design and Daylighting Performance Integration [D]. University of Southern California，2011.

[35] Arup. http://www.arup.com/News/2013_04_April/25_ April_World_first_microalgae_facade_goes_live.aspx.2013.

[36] LONERGAN R，SALZBERG S，HALL H，LARSON K. Context Aware Dynamic Lighting，MIT Media Lab，2015.

[37] THOMPSON M，COOPER I，GETHING B. The Business Case for Adapting Buildings to Climate Change：Niche or Mainstream? Executive Summary. Swindon：Innovate UK technology StrategyBoard. Design for Future Climate，2014.

[38] VINCENT J F. Biomimetics in Architectural Design [J]. Intelligent Buildings International，2014，6：1–12.

[39] CLEMENTS-CROOME，D J. Sustainable Intelligent Buildings for Better Health，Comfort and Well-Being. Reportfor Denzero Project，2014.

[40] Clements-Croome，D. J. 2013b. “Can Intelligent Buildings Provide Alternative Approaches to Heating，Ventilating and Air Conditioning of Buildings?” Dreosti memorial lecture.

[41] RPBW. Renzo Piano Building Workshop. 2015. http://www. rpbw.com/project/ 41/ jean-marie-tjibaou-cultural-center/.

[42] KATZ D，SKOPEK J.The CABA Building Intelligence Quotient Programme [J]. Intelligent Buildings International，2009，1(4)：277–295.

[43] Directive (EU) 2018/844 of the European Parliament and of the Council of 30 May 2018 Amending Directive 2010/31/EU on the Energy Performance of Buildings Directive 2012/27/EU on Energy Efficiency; L156/75; Official Journal of the European Union：Brussels，Belgium，2018.

[44] 中国房地产业协会. 智慧建筑评价标准：T/CREA 002—2020 [S]. 北京：中国建筑工业出版社，2020.

[45] DIEGO B. Carvalho，Bárbara L. Pinto，Eduardo C. Guardia et al. Economic impact of

anticipations or delays in the completion of power generation projects in the Brazilian energy market [J]. Renewable Energy, 2020, 147 (Pt 1) .

[46] VITO, et.al. Support for setting up a Smart Readiness Indicator for buildings and related impact assessment [EB/OL]. [2021-12-11]. http://buildup.eu/sites/default/files/content/sri_1st_technical_study_-_executive_summary. pdf, 2018.

[47] VITO, et al. 3rd Interim Report of the 2nd Technical Support Study on the Smart Readiness Indicator for Buildings [EB/OL]. [2021-12-11]. http://buildup.eu/sites/default/files/content/sri_1st_technical_study_-_executive_summary. pdf, 2020.

[48] ASHRAE. TC 07.05 Smart Building Systems [EB/OL]. [2017-12-11]. https://www.ashrae.org/technical-resources/technical-committees/section-7-0-building-performance, 2020.

[49] ISO, Smart Community Infrastructures-Guidelines on Data Exchange and Sharing for Smart Community Infrastructures [EB/OL]. [2021-12-11]. https://www.iso.org/standard/69242.html, 2020.

[50] 中国台湾建筑研究所. 智慧建筑评估手册 [R]. 2016.

[51] AIIB. IB Index. 3rd ed. Hong Kong: Asian Institute of Intelligent Buildings, 2005.

[52] SHIH H C. A Robust Occupancy Detection and Tracking Algorithm for the Automatic Monitoring and Commissioning of a Building [J]. Energy and Buildings, 2014, 77: 270-280.

[53] ELIADES D G, MICHAELIDES M P, PANAYIOTOU C G, etal. Security-Oriented Sensor Placement in Intelligent Buildings [J]. Building and Environment, 2013, 63: 114-121.

[54] GÖKÇE H U, GÖKÇE K U. Holistic System Architecture for Energy Efficient Building Operation [J]. Sustainable Cities and Society, 2013, 6: 77-84.

[55] LU Y, WANG S, SUN Y, etal. Optimal Scheduling of Buildings with Energy Generation and Thermal Energy Storage Under Dynamic Electricity Pricing Using Mixedinteger Nonlinear Programming [J]. Applied Energy, 2015, 147: 49-58.

[56] 阿里研究院. 中国智慧建筑白皮书 [R]. 2017.

[57] 余莎莎, 肖辉. 基于虚拟化技术的武汉雷神山医院无线网络建设实践 [J]. 中国数字医学, 2021, 16 (3): 54-58.

[58] 凌毓. Wi-Fi 6 技术解读及其对5G发展的影响分析 [J]. 信息通信, 2020 (2): 268-269.

[59] 肖彦, 蒲域. 养老建筑智能化设计要点——基于雄安容东养老中心项目设计案例 [J]. 智能建筑电气技术, 2021, 15 (2): 19-22, 26.

[60] 唐敏, 金京犬. 智慧社区养老关键技术研究 [J]. 电脑知识与技术, 2019, 15 (34):

256–258.

[61] 赖东展. 物联网技术在智慧建筑领域的应用体现 [J]. 科技经济导刊，2020，28（35）：36–37.

[62] 杨鹏，金晶. 智能建筑中物联网技术的应用探讨 [J]. 新一代信息技术，2020，3（11）：37–40.

[63] 于健. 新时期物联网和建筑智能研究 [J]. 居舍，2021（10）：176–177.

[64] 苏会卫，何原荣，聂菁，等. 基于物联网的绿色建筑在城市碳减排的应用研究 [J]. 自然灾害学报，2014，23（6）：88–94.

[65] 吴光栋，张程皓，马伟锋，等. 基于物联网的智能地板设计 [J]. 科技风，2021（7）：21–23.

[66] 任海峰，徐继威，吕游. 智能传感技术在建筑工程中的应用 [J]. 电子技术与软件工程，2014（4）：123.

[67] 李伟. 物联网技术在智能建筑系统中的应用 [J]. 石家庄铁路职业技术学院学报，2011，12（10）：4.

[68] 甘志祥. 物联网发展中的问题分析 [J]. 中国科技信息，2010，5.

[69] 曹志东，刁品文，鞠悦，等. ZigBee无线传感网络在智能建筑中的应用 [J]. 黑龙江科技信息，2016（30）：137–139.

[70] 孙鸽梅. 基于BIM、RFID和云计算技术的智慧建筑研究 [J]. 硅谷，2014，7（1）：52–53.

[71] The British Standards Institution. Organization and digitization of information about buildings and civil engineering works，including building information modelling—Information management using building information modelling：Concepts and principles. ISO 19650–1：2018 [S]. London：British Standards Institution，2019.

[72] 欧阳东，黄剑钊. 全球BIM技术发展趋势探讨之一 聚焦BIM技术的应用 [J]. 中国勘察设计，2021（3）：78–81.

[73] 孙玉芳，吴霞，何孟霖，等. 基于BIM+物联网技术的装配式建筑全过程质量管理研究 [J]. 建筑经济，2021，42（5）：58–61.

[74] 陈华鹏，鹿守山，雷晓燕，等. 数字孪生研究进展及在铁路智能运维中的应用 [J]. 华东交通大学学报，2021，38（4）：27–44.

[75] 陈奕延，李晔，李存金，等. 基于数字孪生驱动的全面智慧创新管理新范式研究 [J]. 科技管理研究，2020，40（23）：230–238.

[76] 杨健，张安山，庞博，等. 元宇宙技术发展综述及其在建筑领域的应用展望 [J/OL]. 土木与环境工程学报（中英文）：1–14 [2022–11–18]. http://kns–cnki–net.webvpn.hainnu.

edu.cn/kcms/detail/50.1218.TU.20220602.1855.002.html.

[77] 傅筱. 从二维走向三维的信息化建筑设计[J]. 世界建筑，2006(9)：153-156.

[78] 卢添添，马克·奥雷尔·施纳贝尔. 设计革新：面向参与式建筑设计的扩展现实(XR)技术及其应用展望[J]. 建筑学报，2020(10)：108-115.

[79] MERWE D. The metaverse as virtual heterotopia[C]// Proceedings of the 3rd World Conference on Research in Social Sciences. Vienna，Austria. October 22-24，2021.

[80] KENT L，SNIDER C，HICKS B. Engaging Citizens with urban planning using city blocks，a mixed reality design and visualisation platform[M]//Augmented Reality，Virtual Reality，and Computer Graphics. Cham：Springer，2019：51-62.

[81] SCHIAVI B，HAVARD V，BEDDIAR K，et al. BIM data flow architecture with AR/VR technologies：Use cases in architecture，engineering and construction[J]. Automation in Construction，2022，134：104.

[82] 郭泱泱. 元宇宙技术在煤矿安全培训和应急演练中的可行性研究[J]. 煤田地质与勘探，2022，50(1)：144-148.

[83] 郭亚军，李帅，丁菲，等. 美国大学图书馆的虚拟仿真应用实践：对美国TOP100大学图书馆VR/AR应用的调查[J]. 图书馆论坛，2022，42(4)：133-140.

[84] TAN B K，RAHAMAN H. Virtual heritage：Reality and criticism[C]//Joining Languages，Cultures and Visions-CAADFutures 2009，Proceedings of the 13th International CAAD Futures Conference. Montreal：University of Montreal. Presses de l'Universite de Montreal，2009：143-156.

[85] 王文喜，周芳，万月亮，等. 元宇宙技术综述[J]. 工程科学学报，2022，44(4)：744-756.

[86] 陈思思，曹逸芸，李珊珊. 计算机网络发展中的人工智能技术运用[J]. 电子世界，2021(18)：3-4.

[87] 王若琳. 人工智能优化技术在智能建筑中的应用研究[J]. 中国新通信，2019，21(3)：83.

[88] 刘益辰. 人工智能技术在智能建筑中的应用[J]. 建筑技术开发，2020，47(13)：104-105.

[89] GOODMAN G. A Machine Learning Approach to Artificial Floorplan Generation[J]. University of Kentucky，2019.

[90] PHELAN N，et al. Evaluating Architectural Layouts with Neural Networks[J]. WeWork，2017.

[91] FERRANDO C. Towards a Machine Learning Framework in Spatial Analysis[J]. Carnegie

Mellon University，2018.
［92］刘小刚. 国外大数据企业的发展及启示［J］. 金融经济，2013（9）：3.
［93］任仲文. 区块链领导干部读本［M］. 北京：人民日报出版社，2018.
［94］刘宁宁，刘敏，苗吉军，等. 区块链在建筑施工管理中的探讨［J］. 低温建筑技术，2021，43（1）：133–136，141.
［95］杨波，沈光倩. 边缘计算产业联盟正式成立华为等公司牵头. 人民网.（2016-12-06）［2022-08-22］. http://it.people.com.cn/n1/2016/1201/c1009-28918235.html.
［96］李松晏，梁森，卢春燕，等. 边缘计算在建筑工程安全管理中的应用［J］. 建筑经济，2020，41（6）：40–44.
［97］时常青. 建筑智能化系统网络安全体系分析［J］. 建筑技术开发，2021，48（4）：51–52.
［98］吴跃. 推动实现碳中和建材业与建筑业要协同发展［N］. 中国建材报，2021–03–11（001）.
［99］王劭辉. 太阳能光伏发电与建筑一体化技术在节能建筑中的应用［J］. 绿色环保建材，2018（5）：50，54.
［100］上官小英，常海青，梅华强. 太阳能发电技术及其发展趋势和展望［J］. 能源与节能，2019，3（3）：60–63.
［101］闫群民，穆佳豪，马永翔，等. 分布式储能应用模式及优化配置综述［J］. 电力工程技术，2022，41（2）：67–74.
［102］李建林，马会萌，袁晓冬，等. 规模化分布式储能的关键应用技术研究综述［J］. 电网技术，2017，41（10）：3362–3375.
［103］何孝磊，林海雄，尹志强，等. BA系统国产化前景和技术研究［J］. 智能建筑与智慧城市，2022（3）：24–28.
［104］张源，李淑展. 楼宇自动化系统的现状和发展［J］. 工业设计，2016（3）：178–179.
［105］于震，李怀，吕梦一，等. 2021年建筑智能化应用现状调研白皮书［R］. 北京：中国建筑科学研究院有限公司建筑环境与能源研究院，建科环能科技有限公司，2021.
［106］陈成绩. 智能遮阳系统在超高层建筑中的应用［J］. 居业，2015（4）：70–71.
［107］陈展，唐国安. 浅谈智能建筑中的智能遮阳系统［J］. 中外建筑，2009（7）：58–59.
［108］周亦玲. 浅谈超高层建筑结构设计要点［J］. 山东工业技术，2018（16）：92.
［109］遮阳参考. 智能遮阳系统是什么，其实很多人不知道［EB/OL］［2022-02-21］. https://mp.weixin.qq.com/s/qDd7CQGLN7ZMZZbWvZqnkg. Last assess：2022–8–19.
［110］涂逢祥. 运用遮阳技术 推进建筑节能［J］. 建设科技，2006（15）：28–29.
［111］KAY R，KATRYCZ C，NITIÈMA K，et al. Decapod-inspired pigment modulation for

active building facades [J]. Nat Commun，2022，13：20–41.

[112] RUPP R F，VÁSQUEZ N G，ROBERTO L A. A review of human thermal comfort in the built environment [J]. Energy&Buildings，2015，105.

[113] WANG W，HE G，WAN J. Research on ZigBee wireless communication technology [C] // International Conference on Electrical and Control Engineering. IEEE，2011：1245–1249.

[114] ANDERSON T R，DAIM T U，KIM J. Technology forecasting for wireless communication [J]. Technovation，2008，28(9)：602–614.

[115] 蔡型，张思全. 短距离无线通信技术综述 [J]. 民营科技，2016，27（5）：65–67.

[116] 熊伟丽，刘欣，陈敏芳，等. 基于差分蜂群的无线传感器网络节点分布优化 [J]. 控制工程，2014，(6)：27–28.

[117] 刘蔚巍，连之伟，邓启红，等. 人热舒适客观评价指标 [J]. 中南大学学报（自然科学版），2011，42（2）：521–526.

[118] 殷慧清，陈云飞. 室内环境智能监控系统：CN 203689135 U [P]. 2014.

[119] 徐继宁，辛硕，李建芯，等. 室内综合舒适度监测系统研究 [J]. 微型电脑应用，2015，31（5）：1–4.

[120] 郭联金，虞晓琼，王国胜，等. 室内空气质量监测系统的设计与实现 [J]. 微型机与应用，2016，35（18）：99–102.

[121] AGNE P T，NERIJUS M，et al. The Usage of Artificial Neural Networks for Intelligent Lighting Control Based on Resident's Behavioural Pattern [J]. Elektronikair Elektrotechnika，2015，21(2)：72–79.

[122] 潘明明，李义民，游元通，等. 含照明负载用户供电智能监测算法改进的研究 [J]. 照明工程学报，2021，32（6）：210–217.

[123] 方培鑫，严虎，汪明，等. 基于改进粒子群算法的分布式智能照明系统 [J]. 计算机测量与控制：1–10.

[124] 刘皖苏. 基于智能自适应算法的LED照明监测系统的研究与设计 [J]. 兰州文理学院学报（自然科学版），2020，34（1）：67–70，75.

[125] 汤烨，陆卫忠，陈成，等. 基于改进DBSCAN算法的智能照明控制系统 [J]. 苏州科技大学学报（工程技术版），2017，30（4）：70–75.

[126] 辛焦丽. 强噪声海量物联网数据处理中节点选择算法研究 [J]. 科学技术与工程，2017，17（17）：283–287.

[127] 肖学玲. 基于物联网结构的船舶监控中心多源定位数据研究 [J]. 舰船科学技术，2016(24)：106–108.

[128] 常俪琼，房鼎益，陈晓江，等. 一种有效消除环境噪声的被动式目标定位方法 [J].

计算机学报，2016，39（5）：1051-1066.

[129] 翁伟. 基于物联网的电梯安全监管系统设计[J]. 机电技术，2016（4）：94-96.

[130] 顾有文，张琦，赵霞. BIM技术下智慧办公思考[J]. 绿色建筑，2019，11（1）：83-85.

[131] 孙大伟. 智能会议系统在会议管理中的应用[J]. 住宅与房地产，2019（25）：158.

[132] 石英春，罗屿，张平华. 基于多功能智能水表装置的设计与实现[J]. 现代电子技术，2022，45（12）：62-66.

[133] 沈洋，邹明伟，左英姣，等. NB-IoT技术在智能水表中的应用研究[J]. 自动化与仪器仪表，2022（5）：210-213.

[134] 李婷睿. 基于海绵城市理念的智慧水务应用研究[J]. 给水排水，2017，43（7）：129-135.

[135] 谢善斌，袁杰，侯金霞. 智慧水务信息化系统建设与实践[J]. 给水排水，2018，54（4）：134-140.

[136] 王康，郑泳杰，张真，等. 公共机构节水监测及用水管理技术研究与应用[J]. 人民珠江，2022，43（6）：45-52.

[137] BOURGEOIS W，BURGESS J E，STUETZ R M. On-line monitoring of wastewater quality：a review [J]. Journal of Chemical Technology & Biotechnology：International Research in Process，Environmental & Clean Technology，2001，76（4）：337-348.

[138] Pressac，How smart technology can create healthy buildings[EB/OL].（2020-12-15）[2022-01-01]. https://www.pressac.com/insights/how-smart-technology-can-create-healthybuildings/#：~：text=Lighting.

[139] Trusennse. How it works.（2019-01-20）[2020-01-19]. https://mytrusense.com/independentliving-2/how-it-works/.

[140] MacNaughton，P.，J. Pegues，U. Satish，S. Santanam，J. Spengler，& J. Allen.（2015）Economic，Environmental and Health Implications of Enhanced Ventilation in Office Buildings. International Journal of Environmental Research and Public Health.

[141] American Institute for Preventive Medicine. The Health & Economic Implications of Worksite Wellness Programs. Wellness White Paper.

[142] Fisk，W. J. & A. H. Rosenfeld.（1997）. Estimates of Improved Productivity and Health from Better Indoor Environments. Indoor Air，1997（7）：158-172.

[143] Allen，J. G.，P. MacNaughton，U. Satish，S. Santanam，J. Vallarino，and J. D. Spengler.（2016）. Associations of Cognitive Function Seores with Carbon Dioxide，Ventilation，and Volatile Organic Compound Exposures in Office Workers：A Controlled Exposure Study of Green and Conventional Office Environments. Environmental Health Perspectives.

[144] DUARTE DIAS. João Paulo Silva Cunha[J]. Sensors(Basel), 2018, 18(8): 2414.

[145] 郭源生，王树强，吕晶. 智慧医疗在养老产业中的创新应用 [M]. 北京：电子工业出版社出版，2016.

[146] Collins F.S, Varmus H. A new initiative on precision medicine [J]. The New England Journal of Medicine, 2015, 372 (9): 793-795.

[147] Jameson J. L, Longo D. L. Precision medicine-personalized, problematic, and promising [J]. The New England Journal of Medicine, 2015, 372 (23): 2229–2234.

[148] 翟运开，路薇，崔芳芳，等. 基于ITIL 的精准医疗大数据分析平台运维模式构建 [J]. 中国卫生事业管理，2020，37 (7)：487–488，536.

[149] 史宝鹏，段迅，孔广黔，等. 医疗云平台的部署设计与实现 [J]. 计算机应用与软件，2017，34 (6)：43–45，90.

[150] 裘加林，田华，郑杰，等. 智慧医疗 [M]. 北京：清华大学出版社，2015：142-143.

[151] 蒋毅，孙科，熊双. 新时代我国智慧健身行业发展研究 [J]. 河北体育学院学报，2020，34 (6)：61–67.

[152] 时艺玮，赵琪，周爱平. 物联网在健身房应用的案例分析 [J]. 电子技术，2021，50 (1)：72–73.

[153] 王金阁，郭磊. 科技赋能　智慧物联　小区管理数字化转型设计探索及治理应用创新 [J]. 中国安全防范技术与应用，2021 (2)：23–28.

[154] 全波. 智能家居安防　全方位守护你的家 [J]. 中国电信业，2019 (10)：23–27.

[155] 综合编辑. 数字化转型助推智慧安防强势崛起 [J]. 城市开发，2021 (3)：61–63.

[156] 钟俊铧. 智能停车管理控制系统设计 [D]. 绵阳：西南科技大学，2019.

[157] 陈佳茜. 深化小区智能安防系统的建设与应用 [A]. 上海市法学会.《上海法学研究》集刊 (2020年第4卷 总第28卷) ——中共上海市长宁区委政法委文集 [C]. 上海：上海市法学会，2020：6.

[158] 靳龙雪. AI+安防在智慧医疗中的深度应用与前景 [J]. 中国安防，2020 (5)：65–67.

[159] 于用真. 厦门市智慧停车信息系统建设研究 [D]. 泉州：华侨大学，2015.

[160] 王文佳. 智慧酒店与智慧停车场分析 [J]. 中国公共安全，2014 (11)：86–88.

[161] 王慧. 基于大数据背景下的智慧停车管理模式研究——以十堰市为例 [J]. 信息记录材料，2021，22 (1)：133–134.

[162] 百度Easy项目组. Easy Monitor运行监控服务应用及引擎框架 [EB/OL]. (2022–10–16) [2022–01–01]. http://www.easyproject.cn/easymonitor/zh-cn/index.jsp#readme.

[163] 史振振，卢成志，王伟. 智慧消防系统在应急医院的应用 [J]. 智能建筑与智慧城市，2020 (12)：15–17.

[164] 孔云科. 无线智慧消防报警系统在中小场所的应用[J]. 武警学院学报，2017，33(10)：33-35.

[165] 方坤，李小军，孙照付. 智慧消防之无线烟感报警系统在雷神山医院的应用[J]. 智能建筑，2020(10)：78-80.

[166] 邓烨. 基于智能住宅的安防系统设计[J]. 电子世界，2020(7)：173-174.

[167] 刘文锋. 智能建造关键技术体系研究[J]. 建设科技，2020(24)：72-77.

[168] 马建，孙守增，芮海田，等. 中国筑路机械学术研究综述·2018[J]. 中国公路学报，2018，31(6)：1-164.

[169] 马智亮. 走向高度智慧建造[J]. 施工技术，2019.48(12)：1-3.

[170] 刘占省，孙佳佳，杜修力，等. 智慧建造内涵与发展趋势及关键应用研究[J]. 施工技术，2019，48(24)：1-7，15.

[171] 刘子霈. BIM+智慧工地综合建造技术在大型医疗建筑中的应用[J]. 工程技术研究，2021，6(2)：38-39.

[172] 谭露红. 工程造价管理中BIM技术在智慧建筑中的应用[J]. 智能建筑与智慧城市，2019(2)：55-57.

[173] 胡亚军，张跃君. 浅谈GIS+BIM+数据平台在基础设施项目施工中的应用[J]. 智能建筑与智慧城市，2020(10)：115-116，119.

[174] 黄学刚，熊中毅. BIM+AI技术在医院机电预留预埋阶段的应用研究[J]. 建材与装饰，2019(29)：12-14.

[175] Smartvid. lo. Reduce jobsite risk with the power of AI[EB/OL]. (2013-10-16)[2022-01-01]. https://www.newmetrix.com/.

[176] 陈明娥，崔海福，黄颖，等. BIM+GIS集成可视化性能优化技术[J]. 地理信息世界，2020，27(5)：108-114.

[177] 刘燕，金珊珊. BIM+GIS一体化助力CIM发展[J]. 中国建设信息化，2020(10)：58-59.

[178] 康其熙，王兴，林乙玄. VR技术在建筑室内设计中的应用探讨[J]. 科技创新与生产力，2020(10)：47-49.

[179] 沈星存，孙晓阳，张帅，等. 基于BIM+VR技术的特色小镇设计与施工研究[J]. 工程技术研究，2020，5(22)：183-184.

[180] 张彬，王依寒，周超，等. BIM+VR+智慧工地在项目中的应用[A]// 中国图学学会. 2020第九届“龙图杯”全国BIM大赛获奖工程应用文集[C]. 中国图学学会，2020：6.

[181] 王允帅，刘环宇，陈文杰. 基于BIM技术的VR虚拟看房的研究[J]. 城市建筑，2020，17(26)：100-101，131.

[182] 王珲，宁培淋. 3D扫描测量与BIM技术在建筑工程中的应用[J]. 城市住宅，2019，26(3)：88-90.

[183] 李小飞，李赟，张林，等. 基于三维激光扫描的BIM技术在上海世茂深坑酒店方案优化中的应用[J]. 施工技术，2015，44(19)：30-33.

[184] 陈玲钰，张朝弼. 基于BIM技术的3D打印装配式建筑应用探讨[A]//中国城市科学研究会、苏州市人民政府、中美绿色基金、中国城市科学研究会绿色建筑与节能专业委员会、中国城市科学研究会生态城市研究专业委员会. 2020国际绿色建筑与建筑节能大会论文集[C]. 中国城市科学研究会、苏州市人民政府、中美绿色基金、中国城市科学研究会绿色建筑与节能专业委员会、中国城市科学研究会生态城市研究专业委员会：北京邦蒂会务有限公司，2020：3.

[185] 袁礼正，张迎澳，陈炜，等. 基于"BIM+3D打印技术"的灾后重建模式[J]. 工程与建设，2020，34(4)：730-732.

[186] 陈蕾. 突发疫情下BIM+3D打印的装配式建筑技术组合应用的优势[J]. 武汉交通职业学院学报，2020，22(1)：81-84.

[187] 李晓晨. 基于BIM+物联网技术的装配式建筑精益建造管理体系[J]. 建筑技术开发，2020，47(23)：78-80.

[188] 胡北. 基于BIM核心的物联网技术在运维阶段的应用[J]. 四川建筑，2016，36(6)：89-91.

[189] 崔志诚，马胜. 基于物联网技术的智慧工地[J]. 电子技术应用，2021，47(2)：33-35，40.

[190] 欧阳钊. BIM与物联网技术在建筑工程材料管理中的应用[J]. 城市住宅，2021，28(2)：251-252.

[191] 张玉磊. 智慧建造助力北京2022冬奥会——中建一局华北公司冰立方项目案例分享[J]. 施工企业管理，2020(8)：63-65.

[192] 李朋昊，李朱锋，益田正，等. 建筑机器人应用与发展[J]. 机械设计与研究，2018，34(6)：25-29.

[193] 佚名. 瑞士利用智能制造技术开展房屋建造示范工程[J]. 安装，2017(10)：30.

[194] 马岸奇. 全自动砌墙机器人的研发与应用[J]. 砖瓦，2019(2)：79.

[195] 佚名. 室内装修用移动画线机器人[J]. 机器人技术与应用，1997(3)：26.

[196] 佚名. 智能装修机器人在长沙面世[J]. 机器人技术与应用，2016(5)：11.

[197] 梁倩. 碧桂园博智林建筑机器人来袭建造智能化势在必行[N]. 经济参考报，2021-11-29(008).

[198] 丁烈云. 智能建造将带来哪些变革[J]. 施工企业管理，2020(12)：33-34.

［199］韩忠华，王振凯，高超，等．新型建筑材料与智慧建造技术发展综述［J］．材料导报，2020，34（S2）：1295-1298.

［200］操剑飞，陈权．智能化建筑材料在绿色生态节能建筑中的应用［J］．建筑技术开发，2019，46（12）：157-158.

［201］陈燕友．智能结构在建筑工程中应用研究［J］．智能建筑与智慧城市，2019（3）：21-23.

［202］永平．能吸收汽车废气的新涂料［J］．中国建材，2004（8）：89.

［203］NESSIM M A. Biomimetic architecture as a new aproach for energy efficient buildings through smart building materials［J］. Journal of Green Building，2015，10（4）：73-86.

［204］李威兰．生态节能材料及智能建筑材料的研究［J］．四川水泥，2019（10）：116.

［205］巫中艺，王思霖，唐无忌，等．热反射玻璃与LOW-E玻璃的工艺分析及节能原理［J］．信息记录材料，2021，22（2）：31-32.

［206］Maestria，法国Decopur涂料分解甲醛真的有效吗?［EB/OL］.（2020-12-15）［2022-01-01］. https://www.maestria.cn/cn/list/info_33.aspx?itemid=477.

［207］关新春，欧进萍，韩宝国，等．碳纤维机敏混凝土材料的研究与进展［J］．哈尔滨建筑大学学报，2002（6）：55-59.

［208］王哲，孙珏，梁杰豪，等．智能混凝土材料的性能及应用浅析［J］．中国标准化，2016（15）：162-163.

［209］徐晶，王先志．低碱胶凝材料负载微生物应用于混凝土的开裂自修复［J］．清华大学学报（自然科学版），2019，59（8）：601-606.

［210］林智扬，刘荣桂，汤灿，等．包裹硅酸钠的微胶囊自修复混凝土在不同修复剂下的修复性能［J］．硅酸盐通报，2020，39（4）：1092-1099.

［211］黄海亮，宋科明，李统一，等．智慧塑料管材管件研究进展［J］．广东建材，2019，35（10）：61-65.

［212］刘苗苗，付亚静，周盼，等．装配式标准部品部件库构件设计及应用［J］．四川建筑，2021，41（S1）：165-167，170.

［213］隋佳音，肖毅强．浅析生物智能建筑表皮设计——以生物智能住宅为例［J］．城市建筑，2019，16（1）：125-128.

［214］佚名．智慧城市推动智能建材发展［J］．中国标准化，2016（11）：6-7.

［215］陈应．浅谈5G+AIoT如何赋能智慧建筑［J］．智能建筑，2020（6）：31-32，43.

［216］陈慧灵．基于IoT智慧家居级联的实现应用与研究［J］．机电工程技术，2019，48（S1）：19-20.

［217］黄熙程．智能家居的发展应用及挑战［J］．科技传播，2019，11（2）：117-118.

［218］周亮．智能家居：让我们的未来充满科技感［J］．中国林业产业，2020（6）：28-29.
［219］冯立祥．智能家居系统在某别墅项目的应用［J］．机电信息，2020（9）：30-31，33.
［220］如之．2019智能照明企业排行榜［J］．互联网周刊，2019（10）：34-35.
［221］肖雯丽．基于陪伴性的智能灯具设计研究［J］．设计，2021，34（1）：71-73.
［222］王宁，王巍，牛萍娟．手势控制的LED变形灯设计［J］．现代电子技术，2020，43（2）：24-28.
［223］JALAL L，ANEDDA M，POPESCU V AND MURRONI M. QoE Assessment for Broadcasting Multi Sensorial Media in Smart Home Scenario［J］．IEEE International Symposium on Broadband Multimedia Systems and Broadcasting（BMSB），Valencia，Spain，2018：1-5.
［224］本刊．2017深圳文博会——“同步院线”创新电影放映新模式［J］．现代电影技术，2017（6）：59，56.
［225］俞中华，熊以安．浅谈智能多媒体数字电视终端的发展［J］．有线电视技术，2012，19（1）：76-79.
［226］王新，朱鹏飞，万时华，等．家庭智能多媒体终端的设计与应用［J］．广播与电视技术，2011，38（9）：89-93.
［227］TRINH V Q，CHUNG G S，KIM H C. Improving the Elder-s Quality of Life with Smart Television Based Services［J］．International Journal of Information and Communication Engineering，2012，6（7）：1794-1797.
［228］编辑部．2021全宅智能集成展望与思考［J］．家庭影院技术，2021（1）：10-15.
［229］李立，郑彬彬，张婷婷．现代住宅音响系统设计与应用——以背景音响为例［J］．中国房地产，2020（24）：76-79.
［230］周亮．智能家居：让我们的未来充满科技感［J］．中国林业产业，2020（6）：28-29.
［231］上海艾瑞市场咨询有限公司．凝望璀璨星河：中国智能语音行业研究报告 2020年［A］//艾瑞咨询系列研究报告（2020年第2期）［C］．上海艾瑞市场咨询有限公司，2020：47.
［232］董轩．宣贯空净新国标海尔完善“智慧空气生态圈”［J］．商周刊，2015（23）：8.
［233］丁力．美的空气净化器开启净时代［J］．中国质量技术监督，2017（3）：58.
［234］赵阳．智慧新风一秒净吸九阳JY311油烟机评测［J］．家用电器，2020（12）：26-27.
［235］李志刚．科技赋能厨房，开启智慧新篇章［J］．电器，2019（5）：16-18.
［236］于璇．从田间到餐桌，长虹发布智慧厨房系统［J］．电器，2018（10）：53.
［237］李映．海尔云厨：智能化打通全场景化应用——访海尔云厨CEO廖信［J］．中国信息界，2017（3）：84-85.

[238] 李苗，范国昌，石玉阳，等．基于微信平台的WiFi智能插座的设计与研究［J］．科技视界，2020（26）：87-88.

[239] 技术宅．智慧插座到底有多智能［J］．电脑爱好者，2014（22）：68-69.

[240] 周德尚．智能插座在智能家居中的应用［J］．中国科技信息，2020（17）：51，53.

[241] 张曦．关于智能插座你了解多少［J］．大众用电，2020，35（1）：48.

[242] 邓斌，刘关林．智能插座家庭电力能源管理系统的开发与研究［J］．电子技术与软件工程，2020（14）：48-49.

[243] 周亮．智能家居：让我们的未来充满科技感［J］．中国林业产业，2020（6）：28-29.

[244] 上海高仙自动化科技发展有限公司．清洁机器人助推智能清洁时代来临［J］．城市开发，2021（1）：52-53.

[245] 吴润基，杜玉晓，王玉乐等．全息脑控阿凡达机器人系统设计［J］．电子世界，2017，000（6）：194-197.

[246] 宋晔垚．家庭机器人，卖萌来袭［J］．知识就是力量，2016（2）：20-23.

[247] 利莉，胡治宇．家庭智能看护机器人的运用研究——基于空巢老人环境视角［J］．现代信息科技，2019，3（9）：153-154，157.

[248] 张礼庆，田立桐，梁宇晨．从“绿色环保”到“智能健康”——浅谈生态家居建设模式及生态建材的发展［J］．住宅产业，2021（1）：17-19.

[249] 陈晓宇．大数据背景下家居室内发展的新趋势——智慧家居［J］．河北工程大学学报（社会科学版），2019，36（2）：29-31.

[250] 罗超．LED驱动智能家居照明新未来［J］．中国公共安全，2015（16）：64-67.

[251] 秦少雷，王静，窦安华．建筑智能照明技术特点优势及发展运用［J］．绿色环保建材，2020（9）：141-142.

[252] 亚洲旅宿大数据研究院．2021—2022亚洲（中国）酒店业发展报告［R］．上海：亚洲旅宿大数据研究院，2022.

[253] 国家旅游局．饭店智能化建设与服务指南：LB/T 020—2013［S］．北京：国家旅游局，2013.

[254] 北京市旅游发展委员会．北京智慧饭店建设规范［S］．北京：2012.

[255] 全国信息技术标准化技术委员会．物联网 智慧酒店应用 平台接口通用技术要求：GB/T 37976—2019［S］．北京：中国标准出版社，2019.

[256] 钟艳，高建飞．国内智慧酒店建设问题及对策探讨［J］．商业经济研究，2017（18）：174-178.

[257] 吴斌．智慧酒店现状及发展路径探析［N］．中国旅游报，2019-01-31（A02）.

[258] 潘雨沛．基于服务设计方法的智慧酒店用户体验研究［J］．设计，2018（5）：86-87.

［259］吴宏业. 智慧酒店运营系统的构建［D］. 昆明：云南大学，2016.

［260］任晓贤. 智慧酒店建设评价指标体系构建及应用研究［D］. 石家庄：河北师范大学，2014.

［261］张春香. 基于阿里云的智慧消防系统的开发与设计［J］. 电脑知识与技术，2020，16（36）：84–86.

［262］钟艳，高建飞. 国内智慧酒店建设问题及对策探讨［J］. 商业经济研究，2017（18）：174–178.

［263］赵鹏. 酒店背后的“全能管家”［J］. 上海信息化，2019（10）：63–65.

［264］Hotel Innovation Committee，Singapore Tourism Board. Smart Hotel Technology Guide.（2019）. Using technology to navigate the guest experience journey［EB/OL］.（2019–01–20）［2023–01–19］https://www.stb.gov.sg/content/dam/stb/documents/industries/hotel/Smart%20Hotel%20Technolog y%20Guide%202019.pdf.

［265］王文佳. 智慧酒店与智慧停车场分析［J］. 中国公共安全，2014（11）：86–88.

［266］吴红辉. 智慧旅实践.［M］. 北京：人民邮电出版社，2020.

［267］吴晓非.酒店客房管理节能——酒店客房管理节能的发展及前景［J］. 智能建筑，2013（11）：19-21.

［268］刘蔚巍，连之伟，邓启红，等. 人热舒适客观评价指标［J］. 中南大学学报（自然科学版），2011，42（2）：521–526.

［269］李国梁. 重构新一代智慧酒店［J］. 机电信息，2021（7）：48–49.

［270］中华人民共和国住房和城乡建设部. 供暖通风与空气调节术语标准：GB/T 50155—2015［S］. 北京：中国建筑工业出版社，2015.

［271］朱东梅. 迈迪龙 新风市场渗透力在持续深入［J］. 现代家电，2020（12）：30–32.

［272］任晓贤. 智慧酒店建设评价指标体系构建及应用研究［D］. 河北：河北师范大学，2015.

［273］吴宏业. 智慧酒店运营系统的构建［D］. 云南：云南大学，2016.

［274］付菡. 传统酒店的转型——“旅居养老”型酒店［J］. 农场经济管理，2019（8）：12–14.

［275］金振江，宗凯，严臻，等. 智慧旅游（第二版）［M］. 北京：清华大学出版社，2015.

［276］赵婧娴. 智慧酒店中的用户体验设计——以菲住布溻为例［J］. 设计，2020，33（17）：63–65.

［277］黄志勇. 安防门禁系统在智能建筑中的节能探讨［J］. 中国安防，2009（4）：94–96.

［278］李尚春，余秉东，祁志民，等. 基于物联网的五星级酒店智能化［J］. 智能建筑与城市信息，2011（1）：25–27.

[279] 熊劼，邓卫华，胡佳军，等. 基于CIMISS的区域灾害性天气实时监测与报警系统的设计与实现[J]. 气象科技，2017，45（3）：453-459.
[280] 张春香. 基于阿里云的智慧消防系统的开发与设计[J]. 电脑知识与技术，2020，16（36）：84-86.
[281] 范杰. IOCP模型在智慧消防物联网云平台中的应用[J]. 电子元器件与信息技术，2019（4）：8-11，116.
[282] 姜腾腾. BIM技术在智慧消防系统中的应用思考[J]. 智能建筑，2020（12）：15-17.
[283] 王西川，刘剑俊. 火灾智能报警与消防联动研究[J]. 低碳世界，2017（26）：267-268.
[284] 佚名. 酒店服务机器人Relay自动为房间运送物品[J]. 信息技术与信息化，2016（3）：24.
[285] 佚名. 世茂酒店携手云迹科技于旗下酒店启用全新酒店商用服务机器人[J]. 中国会展（中国会议），2019（22）：21.
[286] 蒲东兵. 生物识别技术及其嵌入式应用研究[D]. 长春：吉林大学，2009.
[287] 赵婧娴. 智慧酒店中的用户体验设计——以菲住布渴为例[J]. 设计，2020，33（17）：63-65.
[288] 杨晶晶. 基于STM32的智能门禁系统的设计[D]. 唐山：华北理工大学，2019.
[289] 潘雨沛. 基于服务设计方法的智慧酒店用户体验研究[J]. 设计，2018（5）：86-87.
[290] 罗超. 云端赋能，视界大开——2019丰润达AIoT Cloud战略新品发布会盛大举行[J]. 中国公共安全，2019（12）：184-185.
[291] 汤明霞，吴蔚，陈凡赢，等. 信息化平台助力酒店业数字化转型与商业模式创新案例分析[J]. 时代经贸，2022，19（10）：34-36.
[292] 张春香. 基于阿里云的智慧消防系统的开发与设计[J]. 电脑知识与技术，2020，16（36）：84-86.
[293] 国务院办公厅. 关于促进“互联网+医疗健康”发展的意见（国办发〔2018〕26号）[EB/OL]（2018-04-28）[2022-12-01]. http://www.gov.cn/xinwen/2018-04/28/content_5286707.htm
[294] 王凯. 基于互联网+BIM的智慧医院的展望与思考[J]. 土木建筑工程信息技术，2017，9（4）：94-97.
[295] 元太，侯爽，许扬. 智慧医院信息系统技术架构设计与实践[J]. 中国卫生信息管理杂志，2020，17（6）：697-701，720.
[296] 王曲. 基于信息集成平台的智慧医院研究与实现探讨——以智业软件方案为例[J]. 信息技术与信息化，2017（12）：172-174.
[297] 吴振君. 基于Hadoop的医院智慧医疗信息管理系统设计[J]. 信息技术，2019，43

（12）：62–66.

［298］翟社平，白喜芳，童彤.基于区块链的电子病历共享模型研究［J］. 小型微型计算机系统，2022（11）：1–10.

［299］Kluring Analytics，Clinical Decision Support System［EB/OL］.（2017–01–31）［2022–12–01］https://kluriganalytics.com/cdss/.

［300］刘树伟，韩进. 智能静脉输液泵控制与监测系统设计［J］. 电脑知识与技术，2012，8（13）：3202–3205.

［301］吴全玉，贾恩祥，戴飞杰，等. 便携式低功耗可穿戴心率血氧监测系统的设计［J］. 江苏理工学院学报，2020，26（4）：53–61.

［302］莫远明，王毅，林琳，等. 基于数据集成平台的医院智能报表系统的构建［J］. 现代医院，2020，20（4）：568–571.

［303］郑函，刘小鹏. 对公立医院智慧财务信息管理系统的探讨［J］. 中国医疗管理科学，2019，9（5）：42–45.

［304］吴永仁，管德赛，邵伟，等. 医院后勤设备管理信息系统建设的实践与思考［J］. 现代医院管理，2019，17（3）：67–69.

［305］丁远. 5G边缘计算平台在医院信息化平台建设的应用研究［J］. 信息技术与信息化，2019（9）：195–198.

［306］郭志亮，王刚. 安检技术在智慧医院中的应用［J］. 中国安防，2022（06）：51-55.

［307］陈晓熙，钟健. 人脸和指纹识别在智慧医院中的应用研究［J］. 中国卫生标准管理，2019，10（21）：5.

［308］肖景. 基于BIM的医院建筑设备与能源管理系统介绍［C］//中国医学装备协会、《中国医学装备》杂志社. 中国医学装备大会暨第27届学术与技术交流年会论文汇编. 中国医学装备协会，《中国医学装备》杂志社，2018.

［309］国家统计局. 2021年第七次全国人口普查公报（第5号）［R］. 2021.

［310］黄勇娣. 居家“虚拟养老院”试点，你愿买单吗［N］. 解放日报，2022–03–10（5）.

［311］杨韬，邓红莉. 基于云计算的社区养老平台研究［J］. 电脑编程技巧与维护，2015（5）：66，76.

［312］章依妮，何苗苗，季奕君，等. 智能床垫在养老照护中的应用研究进展［J］. 护理与康复，2020，19（6）：31–33.

［313］陈炎，李丹，李彦海，等. 基于加速度传感器的心率信号处理及检测方法［J］. 科学技术与工程，2016，16（9）：67–70.

［314］赵荣建，汤敏芳，陈贤祥，等. 基于光纤传感的生理参数监测系统研究［J］. 电子与信息学报，2018，40（9）：2182–2189.

[315] 曹伟，单华锋，谭震宇，等. 一种基于智能床压电传感器的心率特征提取算法[J]. 传感器世界，2022，28(4)：14–18.

[316] 戴凤智，芦鹏，朱宇璇. 基于多传感器的睡眠监测与评估系统设计[J]. 国外电子测量技术，2022，41(4)：126–133.

[317] 王元东. 基于多普勒雷达的非接触式生命体征监测系统设计[D]. 长沙：湖南大学，2017.

[318] 赵林，彭敏，杨翔宇，等. 基于压电陶瓷的睡眠信息检测方法[J]. 仪器仪表学报，2018，39(7)：245–252.

[319] 蒋皆恢，潘晓洁，姜贤波，等. 基于智能检测与康复的多功能护理床[J]. 中国医疗器械杂志，2016，40(1)：47–51.

[320] 宮崎徹，荘司洋三. 外出・帰宅センサを活用した高齢者生活支援サービス[J]. 電子情報通信学会通信ソサイエティマガジン，2017，11(1)：6–11.

[321] Taiwan Smart City Development Project Office of Industrial Development Bureau，Smart Healthcare：New invention integrated with Bluetooth positioning technology and a local religious design helps Taiwan's elderly with dementia find their way home [Online]，Available：https://www.healthcaredive.com/press-release/20210528-smart-healthcare-new-invention-integrated-with-bluetooth-positioning-techn-1/.

[322] 国家卫生健康委员会，国家中医药管理局. 远程医疗服务管理规范(试行)：国卫医发〔2018〕25号[Z/OL]. (2018–7–17)[2022–10–26]. http://www.gov.cn/gongbao/content/2019/content_5358684.htm.

[323] 李婧萱，吴琦欣，黄益曼，等. 远程医疗在医养结合养老服务中的应用及其相关法规的思考[J]. 现代预防医学，2019，46(16)：2983–2985，3019.

[324] 陈玉娟，廖生武. 综合医院远程医疗服务对促进社区医疗服务改革的实践与思考[J]. 现代医院，2015，15(1)：7–8，12.

[325] 张思锋，张泽滈. 中国养老服务机器人的市场需求与产业发展[J]. 西安交通大学学报(社会科学版)，2017，37(5)：49–58.

[326] 赵雅婷，赵韩，梁昌勇，等. 养老服务机器人现状及其发展建议[J]. 机械工程学报，2019，55(23)：13–24.

[327] EVANS J，KRISHNAMURTHY B，PONG W，et al. Help Mate：a service robot for health care [J]. Indus Robot：Int 1989，16(2)：87–89.

[328] 2016中国服务机器人产业发展白皮书(十)：国外企业发展状况[EB/OL]. [2017–01–06]. http://Robot.ofweek.com/2017–01/ART–8321203–8420–30088648.html.

[329] 中研网讯. 2014年全球服务机器人发展情况分析[EB/OL]. [2014–09–19]. http://

www.Chinairn.com/news/20140919/164947578.shtml.

[330] 王晓易. 为解决养老难题，日本大力发展护理机器人[EB/OL].[2015-11-17]. http://digi.163.com/15/1117/19/B8L8QE5D00162OUT.html.

[331] 邵笑笑. 纵横医疗界难求敌手，达芬奇机器人是这样诞生的[EB/OL].[2016-01-21]. http://www.huahuo.com/health /201601/9874.html.

[332] Intuitive corporation, Davici by Intuitive enabling surgical care to get patient back to what matters[EB/OL].[2022-02-01]. https://www.intuitive.com/en-us/products-and-services/da-vinci.

[333] 朱建伟. 智能视频技术在公安监管场所的应用[J]. 中国安防，2019(7)：10-14.

[334] 須藤智，原田悦子. 高齢者によるタブレット型端末の利用学習新奇な人工物の利用学習過程に影響を与える内的・外的要因の検討[J]. 認知科学，2014，1(21)：62-82.

[335] 姜超. 智慧会展趋势下的商业会展设计研究[D]. 南京：南京林业大学，2016.

[336] 杜妍妍. "互联网+"时代下智慧会展业发展研究[J]. 贵阳学院学报(自然科学版)，2019，14(2)：8-11.

[337] 过聚荣. 中国会展经济发展报告[J]. 北京：经济日报出版社，2005.

[338] 李辉. 基于信息技术的智慧型商业会展发展对策[J]. 商展经济，2022(13)：11-13.

[339] 杜妍妍. "互联网+"时代下智慧会展业发展研究[J]. 贵阳学院学报(自然科学版)，2019，14(2)：8-11.

[340] 孔三立. 论ERP系统在大型企业财务管理中的应用[J]. 中国市场，2019(8)：145-146.

[341] 中华人民共和国住房和城乡建设部. 会展建筑电气设计规范：JGJ 333—2014[S]. 北京：中国建筑工业出版社，2014.

[342] 张刚刚. 办公自动化(OA)系统的设计与实现[D]. 济南：山东大学，2008.

[343] 孙怡. 楼宇自控系统在现代智能建筑中的应用[J]. 测控技术，2003(8)：35-37.

[344] 张浩，吴少光，胡海泮，等. 深圳国际会展中心绿色智慧展馆的探索与实践[J]. 建筑技艺，2019(8)：112-119.

[345] 国家住房和城乡建设部.供暖通风与空气调节术语标准：GB/T 50155—2015[S]. 北京：中国建筑工业出版社，2015.

[346] 伍培，胡海，杨嘉，等. 新风系统现状分析及发展前景探讨[J]. 工业安全与环保，2021，47(1)：89-93.

[347] 阙俊峰. 浅析某大型公共建筑暖通空调系统的节能设计[J]. 福建建材，2021(10)：89-91.

[348] 吉煜，丁云飞，刘龙斌，等. 温湿度独立调节空调系统预冷型新风机组运行性能分析[J]. 合肥工业大学学报（自然科学版），2019，42（9）：1234-1238.

[349] 杜华英，文祝青，余可春. 智慧停车场的研究与设计[J]. 现代计算机（专业版），2015（9）：63-66.

[350] 董艺. 南通国际会展中心智慧会展设计的探讨[J]. 智能建筑电气技术，2020，14（5）：16-21.

[351] 杨成勇，李德英. 基于北斗时空的智慧停车管理系统的研究[J]. 科技风，2021（7）：9-10.

[352] 张浩，吴少光，胡海萍，等. 深圳国际会展中心绿色智慧展馆的探索与实践[J]. 建筑技艺，2019(8)：112-119.

[353] 冯钰. 基于IPA分析法的福州会展智慧化程度研究[J]. 当代旅游（高尔夫旅行），2018（10）：158-159，161.

[354] 陈火全. 大数据背景下数据治理的网络安全策略[J]. 宏观经济研究，2015（8）：76-84，142.

[355] 李杰. 智能视频监控系统的研究和应用[D]. 北京：北京邮电大学，2012.

[356] 邵琳. 消防安防云智慧技术在建筑消防系统中的应用[J]. 今日消防，2021，6（2）：12-13.

[357] 国家电网公司. 配电自动化技术导则：Q/GDW 1382—2013[S]. 北京：国家电网公司，2014.

[358] 陈伟，石晶，任丽，等. 微网中的多元复合储能技术[J]. 电力系统自动化，2010，34（1）：112-115.

[359] PEREZ-LOMBARD L，ORTIZ J，POUT C. A review on buildings energy consumption information[J]. Energy and Buildings，2008，40(3)：394-398.

[360] 吴树畅，张浩. 新零售背景下传统商业模式的转型升级研究[J]. 商业经济，2021（12）：1-3，189.

[361] 彭凯. 基于消费行为演变的大型商业空间适应性研究[D]. 长沙：湖南大学，2017.

[362] 中华人民共和国住房和城乡建设部. 商店建筑设计规范：JGJ 48—2014[S]. 北京：中国建筑工业出版社，2014.

[363] 陈彬. 智慧商场大数据系统规划及建设研究[D]. 昆明：昆明理工大学，2018.

[364] 王红海. 利用信息技术建设“智慧商场”，打造“低碳商务”，实现“幸福购物”[J]. 信息与电脑，2012（11）：10.

[365] 贺成浩，朱敏. 浅析智慧停车应用[J]. 智能建筑电气技术，2020，14（1）：44-46.

[366] 杨丽君，韩英杰. 智慧停车场管理系统的设计与实现[J]. 科学技术创新，2021（7）：